本书编委会

主编：岳　昆

编委：段　亮　王笳辉　杨培忠

　　　武　浩　梁　洁　余立行

理工版

人工智能通识教程

General Course of Artificial Intelligence

岳 昆 主编

·昆明·

图书在版编目（CIP）数据

人工智能通识教程 ：理工版 / 岳昆主编. -- 昆明 ：
云南大学出版社，2025. -- ISBN 978-7-5482-5573-4

Ⅰ. TP18

中国国家版本馆CIP数据核字第20253EY252号

策划编辑：陈　曦
责任编辑：谭丽娜
封面设计：刘　雨

理工版

人工智能通识教程

RENGONGZHINENG TONGSHI JIAOCHENG
（LIGONGBAN）

主编　岳　昆

出版发行：云南大学出版社
印　　装：昆明理煋印务有限公司
开　　本：787mm × 1092mm　1/16
印　　张：11.25
字　　数：190千字
版　　次：2025年8月第1版
印　　次：2025年8月第1次印刷
书　　号：ISBN 978-7-5482-5573-4
定　　价：49.00元

社　　址：云南省昆明市一二一大街182号（云南大学东陆校区英华园内）
邮　　编：650091
电　　话：（0871）65031070　65033244　65031071
网　　址：http://www. ynup. com
E-mail：market@ynup. com

若发现本书有印装质量问题，请与出版社联系调换，联系电话：0871-65031057。

前　言

人工智能的范式不断转变，人工智能技术正以前所未有的速度重塑产业生态，传统行业对“人工智能+专业特色”复合型人才的需求日益迫切。人工智能已成为人类学习、工作、生活的重要工具，如同30年前的计算机技术一样，成为当代大学生应当具备的基本技能。2025年全国各省相继发布面向普通高等学校开设人工智能通识课程的通知，以实现普通本科人工智能通识课程全覆盖。以人工智能推动人才培养范式改革，打造人工智能通识课程体系，赋能理、工、农、医、文等各类人才培养，成为高校人才培养模式创新的重要任务。

基于上述背景和目标，我们以云南大学为例，聚焦理、工、农、医各专业人才培养的目标定位及学科发展趋势，深入调研了这些专业的学生对人工智能知识的学习需求，系统性地梳理了相应的人工智能知识要点，组织多年来深耕人工智能教学研究一线的教师，编写了这本《人工智能通识教程（理工版）》。本书知识点组织和内容编写，充分回应了理工科学生的学习需求，体现了当代人工智能知识的基础性，各知识点概念、技术和应用的综合性，理论知识和实践操作的互补性这四个方面的原则，旨在使学生理解人工智能的发展历程、经典方法和前沿技术，以及应用人工智能技术解决专业问题的基本思路，培养学生的创新思维、拓宽学生的学科视野、提高学生的创新能力。

本书以“基本概念—通用工具—共性技术—典型场景”为主线，呈现人工智能通识课程的知识点；对每个经典技术，从概念、方法和应用三个方面进行介绍。全书共包括8章内容：

第1章：人工智能概述。介绍人工智能核心目标、研究领域、分类、学科关系和发展历程，以及人工智能伦理的问题与风险、指南与原则、解决路径与评估方法。

第 2 章：人工智能基础。介绍最优化问题的概念，搜索、分类、回归、聚类的基本思想和经典方法。

第 3 章：深度学习。介绍人工神经网络的基本原理、深度学习的基本概念，以及经典的深度神经网络模型。

第 4 章：大模型。介绍大模型的发展历程和基本原理、提示工程的基本思想和技术体系，以及大模型的典型应用。

第 5 章：数据预处理。介绍数据集划分和数据降维的基本概念和常用技术。

第 6 章：时间序列分析。介绍时间序列分析的概念，以及时间序列预测、异常检测和聚类的主流方法。

第 7 章：计算机视觉。介绍图像分类、目标检测、图像分割和图像生成的概念和代表性技术。

第 8 章：人工智能应用案例。以聚类、时间序列分析、大模型与提示工程等人工智能技术为代表，介绍针对实际需求和落地场景的问题建模、模型选择、技术实施和结果展示。

书中各章给出与所学知识点对应的思考题，也配套了各知识点的在线实践操作资源，可供读者使用，同时提供了课程教学大纲和课件，希望能成为本书内容的有益补充。

在本书的策划和编写过程中，云南大学的吴涧教授、张志明教授、张学杰教授、覃渝研究员，华东师范大学的高明教授提出了许多宝贵的意见和建议。云南大学出版社社长包崇许，以及策划编辑陈曦对本书的编辑出版工作给予了大力的指导和支持，付出了辛勤的劳动。云南大学信息学院、云南省智能系统与计算重点实验室为本书的编写提供了良好的工作环境，柴晶老师、刘晓非老师、汤智文老师、李鹏老师和 10 余名研究生，给予了很多有益的帮助。在此，谨向每一位关心和支持本书编写工作的各方面人士表示衷心的感谢。

由于作者的知识和水平有限，对概念和技术的理解和观点可能不够全面，错误和疏漏之处难免，恳请各位专家和读者批评指正，使本书不断改进。

编者

2025 年 7 月

目 录
CONTENTS

6 时间序列分析 / 099

7 计算机视觉 / 119

1 人工智能概述

人工智能（Artificial Intelligence, AI）是新一轮科技革命和产业变革的重要驱动力量，是研究、开发用于模拟、延伸和扩展人的智能的理论、方法及应用系统的一门新兴技术科学。人工智能的研究领域和应用场景广泛，涵盖了语言理解、问题解决、学习、认知和决策等多个方面，横跨了从日常生活到工业生产的诸多领域，融合了计算机科学、数学、心理学、神经科学、语言学、工程学、哲学、经济学等多个学科的知识和方法，旨在利用算法和数据构建能够表现出人类智能的系统，使计算机能够以类似于人类的方式思考、学习、解决问题，并执行复杂的任务。人工智能正在从技术探索迈入规模化应用，已成为当前国际竞争的关键领域。人工智能技术不仅将成为工业、农业和服务业全面智能化的驱动引擎，还将在日常生活的各个方面产生深远影响。本章介绍人工智能的概念和发展历程，以及人工智能伦理的概念、挑战和存在问题的解决路径。

1.1 人工智能概念

1.1.1 人工智能核心目标

人工智能的研究目标是通过模拟人类智能，使计算机系统具备以下能力：

①**语言理解：**使计算机系统能够理解和生成自然语言，包括词汇匹配、语义分析、上下文理解和情感识别。例如，当代自然语言处理技术已经能够理解复杂的句子结构，并在多语言环境中进行翻译。

②**问题解决**：使计算机系统能够通过逻辑推理和数据分析解决复杂问题。不仅限于求解数学问题，还可参与商业、工程和科学中的复杂决策过程。例如，人工智能可以通过分析大量数据，从而帮助企业优化供应链管理或预测市场趋势。

③**学习**：使计算机系统能够从数据中自主学习和改进，是人工智能的核心。通过不断进行数据输入和反馈，人工智能可以逐步提高其性能和准确性。例如，推荐系统通过分析用户的历史行为，为用户提供个性化的内容推荐。

④**认知**：使计算机系统能够感知和理解环境，人工智能可以像人类一样感知周围的世界，并做出相应的反应。例如，自动驾驶汽车通过摄像头和传感器感知道路情况，并做出驾驶决策。

⑤**决策**：使计算机系统能够基于数据和规则做出智能决策，这不仅依赖于数据分析，还需要结合逻辑推理和预测模型。例如，在金融领域，人工智能通过分析市场数据做出投资决策。

1.1.2 人工智能研究领域

人工智能具有非常广泛的研究领域，应用于多个"智慧+"场景，主要涵盖：

①**机器学习（Machine Learning）**：人工智能的核心技术之一，旨在通过数据训练模型，使计算机能够自主学习和改进。机器学习算法包括监督学习、无监督学习和强化学习等。监督学习通过标注数据进行模型训练，无监督学习通过未标注数据进行模式识别。强化学习是一种通过试错和奖励机制进行学习的方法，广泛应用于游戏、机器人控制和自动驾驶等领域，如强化学习算法可以通过不断试错和反馈，优化机器人的控制策略。

②**自然语言处理（Natural Language Processing）**：人工智能的一个重要领域，旨在使计算机能够理解、生成和处理人类语言。自然语言处理技术包括文本分类、情感分析、机器翻译和问答系统等。例如，现代语言模型能够生成高质量的文本内容，甚至能够进行创作和编辑。

③**计算机视觉（Computer Vision）**：人工智能的另一个重要分支，旨在使计算机能够理解和分析图像和视频内容。计算机视觉技术包括图像分类、目标检测、图像分割和图像生成等。例如，计算机视觉技术可以用于自动驾驶汽车的环境感知

和安防监控。

④**智能机器人**（Intelligent Robot）：结合了人工智能技术和机器人技术，旨在开发能够自主执行任务的机器人。例如，工业机器人可以在生产线上执行精确的装配任务，而服务机器人可以在酒店和医院中提供客户服务。

⑤**深度学习**（Deep Learning）：机器学习的一个分支，通过使用多层神经网络进行特征学习并解决复杂问题，在计算机视觉、自然语言处理和语音识别等领域取得了显著成果。例如，深度学习模型通过分析大量的医学影像，帮助医生诊断疾病。

⑥**知识工程与推理**（Knowledge Engineering & Reasoning）：专注于构建和维护能够模拟人类专家解决问题能力的知识系统，其核心目标是通过结构化表示现实世界知识，并赋予机器类人推理能力。典型技术包括将海量数据转化为关联网络的知识图谱，以及基于规则推理的专家系统。该领域还致力于突破传统统计分析的局限性，通过因果推断技术揭示变量间的内在关系。例如，在实际中为智能搜索引擎和企业决策大脑等应用提供支撑，解决金融风控和法律条文解析等依赖相关领域知识的复杂问题。

⑦**伦理与安全**（AI Ethics & Safety）：保障技术可控性、可持续性的关键研究方向，其首要任务是消除算法偏见、确保技术应用的公平性。在可解释性方面，多项技术被用于破解深度学习模型的“黑箱”决策逻辑，以满足医疗诊断和司法量刑等场景的透明度要求。例如，在对抗安全方面聚焦防御恶意攻击，针对自动驾驶系统的对抗样本欺骗，通过对抗训练提升模型鲁棒性。

1.1.3 人工智能分类

人工智能作为一个复杂而多元的领域，按照技术、任务、目标、范围等不同维度可以分为不同的类别。本节从这些不同的分类标准出发，介绍人工智能的多样性及其在实际应用中的体现。

(1) 按计算机能力分类

①**弱人工智能**（Weak AI）：计算机只能在特定任务上表现出智能，但无法理解人类智慧的通用性，通常专注于语音识别、图像识别或自然语言处理等某一特定

领域。弱人工智能通过大量数据的训练，能够在特定任务上达到甚至超过人类的水平，但无法像人类一样进行跨领域的推理和学习。

②**强人工智能（Strong AI）：**计算机能够完成任何人类智慧所能完成的任务，并且能够理解人类智慧的本质，具有通用性，能够像人类一样进行推理、学习和创造。强人工智能的实现将彻底改变人类社会的运作方式，但其发展也面临着伦理和技术上的巨大挑战。

（2）按学习方式分类

①**监督学习（Supervised Learning）：**通过预先提供标注好的训练数据，让计算机学习输入与输出之间的映射关系，在图像识别和语音识别等领域得到了广泛应用。

②**无监督学习（Unsupervised Learning）：**不依赖预先标注的数据，而是通过数据本身的结构和分布来发现隐藏的模式，在聚类分析和异常检测等领域有重要应用。

③**半监督学习（Semi-supervised Learning）：**结合了监督学习和无监督学习的特点，通过少量标注数据和大量未标注数据进行训练，在数据标注成本较高的场景中具有显著优势。

（3）按技术方法分类

①**机器学习：**人工智能的核心技术之一，通过从数据中学习得到模型，并使用模型完成预测或分类任务，包括监督学习、无监督学习、半监督学习和强化学习等多种方法。

②**自然语言处理：**研究如何让计算机系统理解、生成和处理人类语言。近年来，随着深度学习技术的发展，自然语言处理取得了显著进展。

③**计算机视觉：**研究如何让计算机系统从图像、视频等视觉输入中提取有意义的信息，并据此进行决策或提供建议，包括图像识别、目标检测、图像分割和图像生成等。

④**语音识别：**研究如何让计算机系统识别和转换人类语音，包括语音助手和声纹验证等典型任务。近年来，深度学习技术的应用使语音识别的准确率大幅提升。

⑤**机器人技术：**研究如何让机器人执行复杂的任务（如操作、导航和完成物理

任务）。随着人工智能和机器人技术的不断发展及紧密结合，智能机器人将在工业生产、医疗卫生、交通运输等各种领域得到更广泛的应用。

⑥**智能控制：**研究如何让计算机自动控制复杂的系统（如机器人、航空器和工业过程），通常结合了机器学习、优化算法和控制系统。

（4）按任务类型分类

①**推理型人工智能：**以推理为主要任务，通过知识推理来解决问题，通常结合了逻辑推理和知识表示。例如，医疗诊断系统通过推理患者的症状和病史进行诊断，智能客服系统通过推理用户问题提供答案。

②**学习型人工智能：**以学习为主要任务，通过对数据的学习来实现人工智能的目标，通常结合了机器学习和深度学习技术。例如，大语言模型通过学习大量文本数据生成自然语言文本，图像识别模型通过学习大量图像数据实现高精度的图像分类。

③**控制型人工智能：**以控制为主要任务，控制着机器人、智能系统或其他设备的行为，通常结合了强化学习和控制系统。例如，自动驾驶汽车通过智能算法实现车辆的自主驾驶，智能机器人通过控制算法实现机器人的自主操作。

④**创造型人工智能：**以创造为主要任务，通过创造新的知识和产品来实现人工智能的目标，基于生成对抗网络、Transformer架构、扩散模型等生成文本、图片、声音、视频、代码等内容，包括AI绘画、音乐创作、新闻生成、文案创作等。

（5）按目标分类

①**应用型人工智能：**以实现特定的应用场景，如图像识别、语音识别、机器翻译等为目标，这些系统通常专注于某一特定领域的任务，并通过大量数据的训练来优化性能。

②**研究型人工智能：**以研究人工智能的理论、模型和技术，如深度学习、强化学习、模式识别、计算机视觉等为目标，帮助人们更好地理解人工智能，并为未来的应用提供理论和技术基础。

（6）按范围分类

①**基于规则的人工智能：**通过明确定义规则来实现智能，通常用于简单的决策系统。例如，医疗专家系统通过预定义的规则进行疾病诊断，税务审计系统通过规

则判断税务申报是否合规。

②**基于知识的人工智能：**通过学习来推导知识，并能够根据知识进行推理，通常结合了机器学习和知识图谱技术。例如，智能问答系统通过知识图谱回答用户问题，智能推荐系统通过用户行为数据推导用户偏好。

1.1.4 人工智能学科关系

人工智能的发展，已成为在当今数字化时代多学科交叉融合的典范，相关学科关系如图 1.1 所示。人工智能核心支撑源于计算机科学与数学的深度融合，计算机科学通过算法设计、分布式计算和系统架构，为机器学习与高性能模型训练提供驱动力；数学则通过线性代数、概率论和优化理论，构建了人工智能模型的理论基础与计算框架。神经科学和心理学从生物认知维度注入灵感，神经科学对人脑机制的研究启发了卷积神经网络、注意力机制和强化学习等核心算法，心理学则通过认知模型与情感计算理论优化人机交互设计，使人工智能系统更贴近人类思维与情感响应。

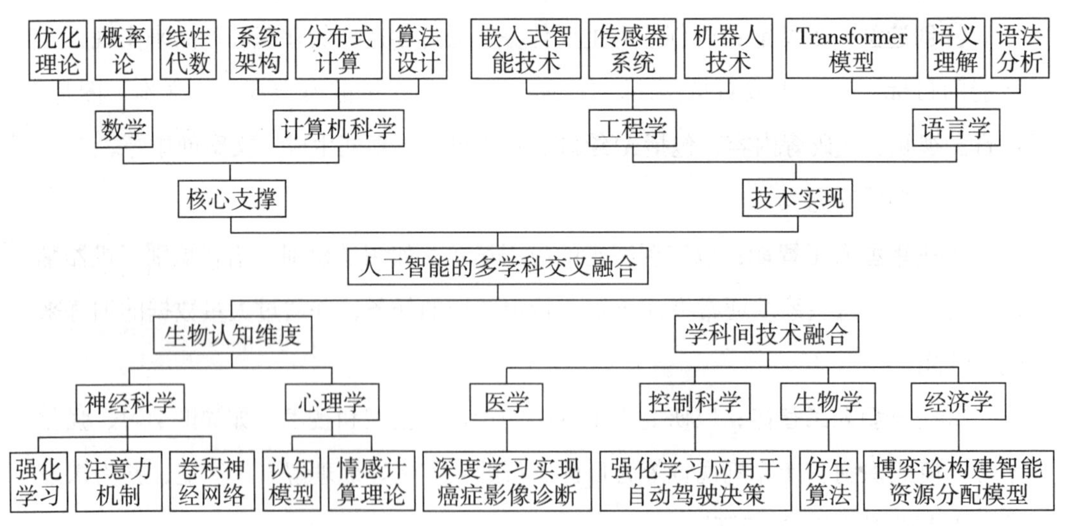

图 1.1　人工智能学科关系

在技术实现层面，语言学为自然语言处理奠定了语法分析与语义理解的基础，推动了Transformer等模型的技术突破；工程学通过机器人技术、传感器系统和嵌入式智能技术，将人工智能理论转化为可落地应用。学科间的技术融合呈现出多样化的路径，例如，生物学通过仿生算法优化系统设计，控制科学将强化学习应用于自动驾驶决策，医学利用深度学习实现癌症影像的诊断，经济学则借助博弈论构建智能资源分配模型。

人工智能的应用体系可划分为基础层、感知层和决策层，形成从数据感知到智能决策的完整链条。基础层包括数学建模与算力架构，感知层涵盖计算机视觉与多模态语言处理，决策层涉及机器人控制与金融预测。同时，人工智能的发展也引发了哲学与社会层面的深度思考，在伦理框架中需平衡算法公平性与隐私保护，在社会影响层面需预判就业结构变革并设计智慧城市中的人机协作模式。这种跨学科特性不仅推动了技术进步，更要求技术发展与人类社会价值形成动态平衡，彰显了人工智能作为通用技术对文明演进的多维度塑造力。

1.2 人工智能发展历程

人工智能已成为当前全球关注的焦点，正在深刻地改变我们的生活和工作方式，其发展历程丰富而曲折，经历了多次兴衰起伏，如图 1.2 所示。

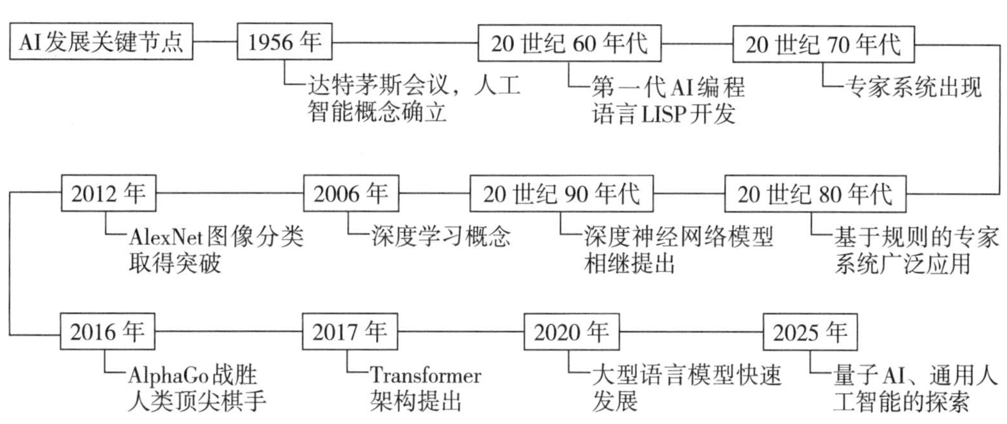

图 1.2 人工智能的发展历程

人工智能的萌芽可追溯至 20 世纪中叶，这一时期以哲学思辨与技术突破为特征。1950 年，英国数学家艾伦·图灵在《计算机器与智能》中提出“图灵测试”，为机器智能的判定确立了首个科学标准。1956年，达特茅斯会议正式将“人工智能”确立为独立学科，约翰·麦卡锡和马文·明斯基等学者提出了“让机器模拟人类智能”的目标。人工智能的早期研究以符号主义为核心，纽厄尔与西蒙开发的“逻辑理论家”程序首次实现数学定理的自动证明。1958年诞生的LISP语言成为首个专为人工智能设计的编程语言，其符号处理特性为专家系统开发奠定了基础。这一时期的人工智能应用充满理想主义色彩。例如，1966年约瑟夫·魏泽堡开发的ELIZA聊天机器人通过模式匹配技术模拟心理咨询；1968年斯坦福研究所的Shakey机器人整合视觉传感器与路径规划算法，首次实现自主环境导航。然而，早期计算机运算能力有限，符号系统在物理推理测试中频频失败，明斯基提出的“框架问题”揭示了符号主义在常识表达上的缺陷，而1966年美国政府发布的ALPAC报告则指出，机器翻译的高错误率，使人工智能首次进入“寒冬”。

1973年英国数学家詹姆斯·莱特希尔的评估报告指出，符号系统在现实场景中的表现远低于预期，导致美国国防部高级研究计划局大幅削减资助。20世纪70年代的人工智能“寒冬”成为学科发展的重要转折点，催生了技术创新。80年代专家系统的崛起开辟了新的路径。例如，斯坦福大学开发的MYCIN系统通过500条医学规则实现血液感染诊断，准确率与人类专家相当。与此同时，连接主义逐渐挑战符号主义的主导地位。1982年约翰·霍普菲尔德提出新型神经网络模型，解决了旅行商问题等组合优化难题；1986年杰弗里·辛顿公布反向传播算法，突破了多层神经网络训练的技术壁垒。至90年代，算法呈现多元化发展。1995年弗拉基米尔·万普尼克提出的支持向量机在文本分类任务中超越神经网络；1998年Yann LeCun实现的卷积神经网络，已能准确识别银行支票手写数字；1997年赫伯特·施米特胡伯和尤尔根·施米特胡伯提出的长短时记忆网络被广泛应用于时间序列预测、自然语言处理等领域。

随着互联网技术的快速普及、数据采集和存储技术的迅速发展，计算机科学由“以计算为中心”发展到“以数据为中心”，大数据为人工智能提供了丰富的资源，数据洪流彻底重塑了人工智能的发展轨迹，人工智能也成为大数据分析的核心引擎。2004年，MapReduce启发了Hadoop开源分布式计算框架，使PB级数据处理成为可能；2009年，ImageNet数据集推动了计算机视觉技术的发展。2012年，AlexNet

在ImageNet数据集上取得最佳结果，其采用的GPU并行训练策略使神经网络层数首次突破8层，标志着深度学习在图像分类领域的重大突破。2017年，Transformer模型通过自注意力机制突破了序列建模的时空限制；2018年，BERT模型在11项自然语言任务中刷新纪录，预示预训练大模型时代的到来。深度学习技术在多领域实现爆发式应用。例如，2020年DeepMind的AlphaFold 2在蛋白质结构预测竞赛中达到92.4%的准确率；特斯拉Autopilot系统通过100万辆车的实时数据迭代，使自动驾驶事故率降低40%；GPT-3模型凭借1750亿参数实现复杂创作，展现了生成式人工智能（Generative AI）的潜力。

当前，人工智能正经历从专用到通用的范式迁移。2023年发布的GPT-4模型通过思维链（Chain of Thought）技术实现多步骤数学推理，并在考试中取得优异成绩。量子计算为人工智能注入新动能。例如，中国“九章”光量子计算机在特定任务上实现了传统超算需6亿年才能完成的计算。具身智能（Embodied Intelligence）领域取得显著进展。例如，宇树科技的智能机器人已能完成各项高难度动作，特斯拉的Optimus Gen-2已能操作精密仪器，标志着机器与物理世界交互能力的飞跃。

人工智能的发展历经70余年，始终沿着“理论构想—硬件支撑—算法创新—场景落地”主线不断演进。从早期的符号主义到如今以深度学习为代表，算法的持续革新、算力的指数级提升、数据处理能力的飞跃，推动人工智能从专用领域迈向通用智能。关注应用、构建模型、收集数据、系统实现，成为当代人工智能不可或缺的四个要素。在这一过程中，人工智能已超越传统工具的范畴，开始深刻影响人类的认知模式与技术伦理，不仅改变了人们对世界的理解，也在重塑社会规则与价值体系。

1.3 人工智能伦理

随着人工智能的广泛应用，一系列伦理问题也日益凸显，引发了全球范围内的关注和讨论。这些问题不仅关系到个人权利和社会公平，还涉及人类的未来发展方向。因此，探讨人工智能伦理、寻找应对伦理挑战的路径，已成为当今社会亟待解决的重要课题。

1.3.1 人工智能伦理问题与风险

人工智能伦理问题与风险是指人工智能技术在发展和应用过程中，因数据隐私泄露、算法偏见、责任归属不明、技术性失业、超级智能失控及网络犯罪等引发的道德困境和潜在危害。这些问题涉及数据使用、算法公平性、责任界定、社会影响及意识形态等方面，需通过法律法规、技术手段及社会共同努力加以应对。为了更全面地分析人工智能伦理问题，本节将人工智能伦理问题分为个人层面、社会层面、环境层面、人工智能系统生命周期相关这四个部分进行介绍。

(1) 个人层面的人工智能伦理问题

个人层面的人工智能伦理问题主要涉及人工智能对个人安全、隐私、自主性和人格尊严的影响，这些问题是人工智能伦理讨论中最受关注的部分，直接关系到每个个体的权利和福祉。

①**个人安全：**自动驾驶汽车的安全事故是个人安全问题的典型案例。自动驾驶技术虽然在理论上可以减少人为错误导致的事故，但技术本身的不完善和外部环境的复杂性可能导致新的风险。例如，自动驾驶系统在面对复杂的交通场景时可能出现决策失误，直接威胁到乘客和行人的生命安全。此外，智能家居设备的安全性也值得关注，如果这些设备被黑客攻击，可能会导致家庭环境的不安全，甚至危及居民的生命。

②**隐私保护：**人工智能系统对个人数据的收集和处理是隐私问题的核心。随着大数据技术的发展，人工智能系统需要大量的个人数据来进行模型训练和优化。然而，这些数据的收集和使用往往缺乏足够的透明度和用户控制。例如，社交媒体平台通过用户的行为数据训练推荐模型，但用户可能并不清楚自己的数据被如何使用，甚至可能在不知情的情况下被用于商业目的。此外，生物识别技术的应用也带来了新的隐私挑战。例如，指纹和面部识别等生物特征数据一旦泄露，将对个人隐私造成不可挽回的损害。

③**自主性和人格尊严：**基于人工智能的决策系统可能限制个人的自主权和人格尊严。例如，在招聘、贷款审批等领域，人工智能技术可能会根据预设标准对个人进行评估和筛选。然而，这些算法可能无法充分考虑个人的独特性和复杂性，从

而导致不公平的决策。此外，过度依赖人工智能系统可能导致人类自主决策能力退化，进一步削弱个人自主性。例如，在医疗领域，人工智能辅助诊断系统虽然可以提高诊断效率，但如果医生过度依赖这些系统，可能会忽视患者的个体差异和主观意愿，从而影响患者的治疗体验和尊严。

（2）社会层面的人工智能伦理问题

社会层面的人工智能伦理问题关注人工智能对群体和社会的影响，不仅涉及公平与正义，还可能对社会的稳定和民主制度产生深远影响。

①**公平与正义：**人工智能算法中的偏见可能导致社会不平等加剧。例如，在司法领域，人工智能算法可能会根据历史数据对犯罪嫌疑人进行风险评估，但这些数据可能本身就存在种族或性别偏见。如果算法未能纠正这些偏见，可能会导致少数族裔或弱势群体受到不公平的对待。在就业市场中，人工智能招聘系统可能会根据候选人的教育背景、工作经验等指标进行筛选，但这些指标可能无法全面反映一个人的能力和潜力，从而导致机会不平等。此外，人工智能技术的应用可能会导致工作岗位构成发生变化，进而扩大贫富差距。例如，自动化技术可能会取代大量的低技能工作岗位，而高技能工作岗位的需求则不断增加，这可能导致贫富差距的扩大。

②**责任与问责：**缺乏透明度的人工智能系统可能引发公众对技术的不信任。当人工智能系统做出错误决策时，很难确定责任的归属。例如，在自动驾驶汽车发生事故时，责任可能涉及汽车制造商、软件开发者、数据提供者等多个主体，在这种情况下，如何明确责任和进行问责是一个亟待解决的问题。此外，人工智能系统的复杂性也增加了问责的难度。例如，深度学习算法的决策过程往往具有难以理解和解释的特点，这使得在出现问题时，很难确定是算法本身的缺陷还是数据质量问题导致的错误。

③**透明度：**透明度是人工智能伦理问题中的一个重要方面，公众有权了解人工智能系统的工作原理和决策依据，然而目前许多人工智能系统缺乏足够的透明度。例如，金融机构使用人工智能算法进行信贷评估，但这些算法的决策过程并未向用户公开，不仅可能导致用户对金融机构的不信任，还可能引发法律纠纷。为了提高透明度，一些研究人员提出了可解释人工智能的概念，旨在开发能够解释其决策过程的人工智能系统。然而，可解释性与系统的性能之间往往存在矛盾，如何在两者

之间取得平衡是一个重要的研究方向。

④**监控与数据化：**大规模监控和数据化可能侵犯公民的基本权利。随着人工智能技术的发展，政府和企业越来越多地利用监控设备和数据分析技术来收集公民的信息。例如，在智能城市的建设中，公共场所安装了大量的摄像头和传感器，用于收集交通流量、环境数据等信息。然而，这些设备也可能被用于监控公民的个人行为，从而侵犯公民的隐私和自由。此外，数据化的趋势也可能导致公民的个人信息被过度收集和滥用。例如，一些公司通过用户的消费行为数据来预测其购买意愿，并进行精准营销。这种行为虽然在一定程度上提高了商业效率，但也可能对公民的自主权造成威胁。

⑤**人工智能的可控性：**人工智能系统的可控性是社会层面的人工智能伦理问题中的一个重要方面。随着人工智能技术的不断发展，其复杂性和自主性也在不断提高。例如，一些高级的人工智能系统可能会根据环境的变化自主调整其行为模式。然而，这种自主性可能会导致系统的不可控性。例如，如果人工智能系统的目标函数被错误设定，或者系统在学习过程中受到恶意数据的影响，可能会导致其行为偏离人类的预期。在这种情况下，如何确保人工智能系统的可控性是一个亟待解决的问题。一些研究人员提出了“价值对齐”的概念，即在设计人工智能系统时确保其目标与人类的价值观一致。然而，如何定义和实现价值对齐仍然是一个开放性问题。

⑥**民主与公民权利：**人工智能技术的发展对民主制度和公民权利产生了深远影响。例如，社交媒体平台上的算法推荐系统可能会影响公众对信息的获取和传播，如果这些算法被恶意利用，可能导致虚假信息的传播，从而影响公众的判断和决策。此外，人工智能技术也可能被用于操纵选举。例如，通过分析选民的行为数据，预测其投票意愿，并进行有针对性的宣传，这种行为不仅违反了民主原则，还可能对社会稳定造成威胁。为了保护公民权利和民主制度，需要加强对人工智能技术的监管和规范。

⑦**工作替代：**人工智能技术的应用可能会导致大量工作岗位的消失。例如，自动化技术可能会取代许多低技能的制造业和服务业工作岗位，这不仅会导致失业率上升，还可能引发社会不稳定。为了应对这一挑战，需要加强对劳动力的再培训和教育，帮助他们适应新的就业环境。此外，政府部门也需要制定相应政策，以缓解

人工智能技术对就业市场的冲击。

（3）环境层面的人工智能伦理问题

环境层面的人工智能伦理问题关注人工智能技术对自然环境的影响。随着人工智能系统的广泛应用，其对环境的影响逐渐受到关注。

①**能源消耗与资源利用：**人工智能系统的广泛应用需要大量的硬件设备和能源支持。例如，数据中心是人工智能系统运行的基础，但其能源消耗巨大。据统计，全球数据中心的能源消耗占全球总能源消耗的一定比例，且这一比例还在不断上升。此外，人工智能系统的训练过程也需要大量的计算资源，这进一步增加了能源消耗。为了减少对环境的影响，需要开发更加节能的硬件设备并优化算法，以降低人工智能系统的能源消耗。

②**环境污染：**人工智能技术的发展也可能导致环境污染。随着人工智能系统的不断升级，电子垃圾是人工智能硬件设备更新换代的必然产物，大量被废弃的旧设备中含有大量的有害物质，如果处理不当，可能会对环境造成严重污染。此外，数据中心的冷却系统也需要大量的水资源，这可能会导致水资源的浪费和污染。

③**可持续性：**人工智能技术的发展需要考虑其可持续性，以确保其对环境的影响最小化。例如，在设计人工智能系统时，需要考虑其生命周期的环境影响，从硬件制造到系统运行、再到设备废弃处理，都需要采取环保措施。此外，人工智能技术也可以用于环境监测和资源管理，帮助人类更好地保护地球生态系统。例如，通过人工智能算法对气候变化数据进行分析，可以为应对气候变化提供科学依据。

（4）人工智能系统生命周期相关的伦理问题

人工智能系统的生命周期包括业务分析、数据工程、机器学习建模、模型部署、运作和监控等阶段，每个阶段都可能引发特定的伦理问题。

①**业务分析：**业务分析阶段需要明确人工智能系统的应用场景和目标，这一阶段可能会出现目标设定不合理的问题。例如，如果目标函数设定错误，可能会导致系统在运行过程中偏离人类的预期。此外，业务分析阶段还需要考虑系统的社会影响和环境影响，如果在这一阶段未能充分评估这些影响，可能会导致后续阶段出现严重的伦理问题。

②**数据工程：**数据工程阶段是人工智能系统生命周期中的关键环节，这一阶段

中数据的收集和处理可能导致隐私泄露。例如，数据收集过程中可能会收集到用户的敏感信息，如果这些信息被泄露，将对用户的隐私造成严重威胁。此外，数据的质量和代表性也会影响人工智能系统的性能，如果数据存在偏差或不完整，可能会导致系统的决策不准确。因此，在数据工程阶段需要加强数据管理和隐私保护措施。

③**机器学习建模：**在机器学习建模阶段，算法的选择和训练过程可能会引入偏见。例如，一些算法可能对某些群体或特征存在歧视性，从而导致不公平的决策。此外，模型的复杂性也可能导致其难以解释。例如，深度学习模型的决策过程往往是“黑箱”，难以理解和解释，这不仅会影响系统的透明度，还可能引发公众对技术的不信任。

④**模型部署：**在模型部署阶段，算法的偏见可能影响决策的公平性。例如，在金融和医疗等领域，人工智能系统的决策可能会直接影响到个人的利益，如果这些系统存在偏见，可能会导致不公平的结果。此外，模型部署阶段还需要考虑系统的安全性和可控性。例如，如果系统被黑客攻击，可能会导致严重的后果。

⑤**运作和监控：**在运作和监控阶段，需要对人工智能系统的运行情况进行实时监控，以确保其正常运行，在这一过程中可能会出现监控不足或过度监控的问题。例如，如果监控不足，可能会导致系统出现故障或偏差而未能及时发现，而过度监控则可能侵犯用户的隐私。此外，在运作和监控阶段还需要考虑系统的更新和维护。例如，人工智能系统需要不断更新以适应新的环境和需求，以避免更新过程中出现问题导致系统的不稳定。

1.3.2 人工智能伦理指南与原则

（1）伦理指南文件

随着人工智能伦理问题的日益突出，全球范围内的公司、组织和政府相继发布了伦理指南文件，以规范人工智能的开发和应用。这些指南文件为人工智能的规划、开发、生产和使用提供了重要的指导。

2021 年，联合国教科文组织通过了《人工智能伦理建议书》，这是全球首个关于人工智能伦理的国际协议。2025 年 2 月 11 日，61 个国家签署了《巴黎人工智能宣言》，围绕“开放”“包容”和“道德”三大原则，旨在加强对人工智能治理的协调，并倡导全球对话。此外，2025 年 2 月 4 日，欧盟发布了《欧盟委员会关于禁止人工智能系统实践的指南》，对被禁止的人工智能类型进行了详细说明。2025 年 2 月 11 日，可持续 AI 联盟在巴黎人工智能行动峰会上正式成立，百度、IBM、英伟达、微软、谷歌等 30 余家知名企业宣布加盟，该联盟将重点关注环境足迹管理和人工智能促进环境可持续发展的路径。

中国在人工智能伦理治理方面也取得了显著进展。百度在 2018 年提出 "AI 伦理四原则"，包括人工智能的最高原则 "安全可控"，以及人工智能的创新愿景—— "促进人类更平等地获取技术和能力" 等价值观念，并于 2023 年成立科技伦理委员会，推出切实履行科技伦理管理主体责任、支持人工智能造福社会经济发展的举措。中国科学院自动化研究所等单位在 2025 年联合发布了全球人工智能安全指数，旨在衡量各国在人工智能安全方面的整体状况。国家新一代人工智能治理专业委员会 2019 年发布了《新一代人工智能治理原则——发展负责任的人工智能》，强调和谐友好、公平公正、包容共享、尊重隐私、安全可控、共担责任、开放协作、敏捷治理等原则，提出了人工智能治理的框架和行动指南。国家新一代人工智能治理专业委员会于 2021 年发布《新一代人工智能伦理规范》，旨在将伦理道德融入人工智能全生命周期，为从事人工智能相关活动的自然人、法人和其他相关机构等提供伦理指引，提出了增进人类福祉、促进公平公正、保护隐私安全、确保可控可信、强化责任担当、提升伦理素养等基本伦理要求，以及人工智能管理、研发、供应、使用等特定活动的具体伦理要求。

（2）伦理原则

通过对以上人工智能伦理指南文件的分析，可以总结出透明度、公正和公平、非恶意、责任和问责、隐私、可持续性、教育等伦理原则，为人工智能系统的开发和应用提供了基本的伦理框架。

①**透明度原则**：要求人工智能系统的决策过程必须可解释。例如，人工智能系统的决策逻辑应能够被用户理解，以增强公众对技术的信任。此外，透明度还包括对人工智能系统的开发、部署和使用过程的公开性，确保公众能够监督技术的应用。

②**公正和公平原则**：要求人工智能系统不能对特定群体产生歧视。例如，算法设计应避免因数据集偏差而导致的不公平结果。人工智能技术也应具有普惠性和包

容性，确保不同背景的人都能受益。

③**非恶意原则：**要求人工智能技术的开发和应用应以增进人类福祉为目标，避免对人类造成伤害。例如，人工智能技术应被用于促进公共利益，而不是被用于武器研发或监控。

④**责任和问责原则：**要求明确人工智能系统的责任主体。例如，即使人工智能系统具有一定的自主决策能力，人类仍应对其行为负责。此外，建立问责机制是确保技术安全和合规的重要手段。

⑤**隐私原则：**要求保护用户的个人数据。例如，人工智能系统在收集和处理数据时，必须遵循合法、正当、必要的原则，防止数据泄露和滥用。此外，用户应有权控制自己的数据，并了解数据的使用方式。

⑥**可持续性原则：**要求人工智能技术的发展应考虑对环境的影响。例如，人工智能系统的开发和应用应减少碳足迹、优化能源效率；技术发展应支持绿色科技，推动可持续发展目标的实现。

⑦**教育原则：**要求通过教育提高公众对人工智能的理解水平，培养公众的批判性思维能力。这不仅有助于公众识别潜在风险和机会，还能推动社会各界参与人工智能伦理问题的讨论。

1.3.3 人工智能伦理问题解决路径

如何在确保安全的同时促进人工智能健康发展，已成为全球人工智能发展的核心议题。人工智能伦理问题的解决，可从多个角度入手，包括技术改进、法律法规制定、行业自律和社会教育等方面。

（1）伦理方法

伦理方法致力于在人工智能系统中嵌入伦理道德，使人工智能能够根据伦理理论进行推理和决策。这类方法的核心在于将伦理原则融入人工智能的设计和开发过程中，确保其行为符合伦理要求，主要包括自上而下的方法、自下而上的方法和混合方法。

①**自上而下的方法：**从伦理理论出发，将普遍的伦理原则直接嵌入特定人工智能系统中。例如，将伦理学的原则直接转化为系统的决策规则。这种方法的优点是

理论基础明确，能够提供清晰的伦理指导，缺点是可能过于抽象，难以适应复杂的现实情境。

②自下而上的方法：从具体案例出发，通过机器学习和数据驱动的方式让人工智能系统从实际情境中学习伦理行为。例如，通过大量的道德决策案例训练人工智能模型，使其能够根据情境做出合理的伦理判断。这种方法的优点是灵活性高，能够适应多样化的场景，缺点是可能缺乏普遍性，容易受到数据偏差的影响。

③混合方法：结合了自上而下和自下而上的优点，既考虑普遍的伦理原则，又结合具体情境进行决策。例如，系统可以在普遍原则的指导下，根据具体案例进行调整和优化。这种方法能够在埋论和实践之间取得平衡，是当前研究的重点方向之一。

(2) 技术方法

技术方法通过建立新的技术手段来解决人工智能伦理问题。近年来，学界和业界在这一领域取得了显著进展，但仍有许多问题需要进一步研究。

①可解释机器学习技术：旨在提高人工智能系统的透明度，使人类能够理解系统的决策过程。例如，通过可视化技术、特征重要性分析，以及模型解释工具，帮助用户理解人工智能系统是如何做出决策的。这种技术对于提高公众对人工智能的信任至关重要，尤其是在医疗、金融和司法等领域。

②公平机器学习技术：致力于减少算法偏见，确保人工智能系统不会对特定群体产生歧视。例如，通过数据预处理、算法调整和后处理等方法，消除数据中的偏差，使系统能够做出公平的决策。这种技术对于促进社会公平和正义具有重要意义，尤其是在招聘、信贷审批和司法评估等领域。

③隐私保护技术：通过加密、匿名化和差分隐私等方法，保护用户的个人数据不被泄露或滥用。例如，同态加密技术允许在加密数据上直接进行计算，无须解密数据，从而保护数据的隐私性。这种技术对于应对互联网时代人工智能系统中的隐私问题至关重要。

(3) 法律方法

法律方法通过制定法律法规来规范人工智能的开发和应用，为人工智能的伦理应用提供法律保障。

①欧盟《通用数据保护条例》（General Data Protection Regulation, GDPR）： GDPR是欧盟制定的全球最严格数据保护法规，旨在赋予个人对数据的控制权并规范企业处理行为，不仅要求企业明确告知用户数据的使用方式，还赋予用户数据删除权和访问权。这一法规为人工智能系统的开发和应用提供了明确的法律框架，尤其是在数据隐私保护方面。

②国家立法： 韩国在2024年底通过《AI基本法》，成为继欧盟之后第二个制定人工智能基本法的国家。美国的一些州也通过了针对人工智能的立法，如加利福尼亚州的《消费者隐私法案》。这些立法旨在保护消费者的隐私和数据安全，规范企业对人工智能技术的应用。

③国际立法倡议： 国际组织积极推动人工智能的法律框架建设。例如，联合国教科文组织通过的《人工智能伦理建议书》和欧盟的《人工智能法》草案，都为全球范围内的人工智能治理提供了法律指导。

以DeepSeek为代表的生成式人工智能作为数字经济时代的关键技术，已形成规模化应用场景，生成式人工智能的快速发展也引起了人们社会生产生活方式的深刻变革。2023年7月，中国颁布的《生成式人工智能服务管理暂行办法》方向性地划定了生成式人工智能的法律责任边界。但要实现技术创新与法律规制之间的动态平衡、确保生成式人工智能稳健前行，还需对人工智能的主体资格、产权归属、责任认定等进一步进行探索。

1.3.4 人工智能伦理评估方法

人工智能伦理评估的常用方法主要包括测试、验证和标准三类。

（1）测试

测试是评估人工智能系统伦理能力的常用方法，通过比较人工智能系统的输出与预期结果来评估其伦理表现。

①道德图灵测试（Moral Turing Test）： 借鉴图灵测试的思想，通过评估人工智能系统在道德情境中的表现来判断其伦理能力。例如，系统需要在复杂的道德困境中做出合理的决策，如经典的“电车难题（Trolley Problem）”。

②专家/非专家测试： 通过邀请伦理专家和普通用户对人工智能系统的伦理表

现进行评估，专家测试侧重于系统的伦理逻辑和决策过程，而非专家测试则关注系统的用户体验和伦理接受度。这类测试方法能够从不同角度评估人工智能系统的伦理能力。

（2）验证

验证方法通过证明人工智能系统根据已知伦理规范正确运行来评估其伦理能力。

①**形式化验证：**通过数学和逻辑方法，对人工智能系统的决策过程进行建模和验证。例如，通过逻辑公式和数学证明，确保系统的输出符合预设的伦理规范。这类方法能够提供严格的伦理保证，但需要较高的技术门槛和复杂的数学工具。

②**模拟验证：**通过构建虚拟环境，测试人工智能系统在不同情境下的伦理表现。例如，通过模拟自动驾驶汽车的复杂交通场景，评估系统在道德困境中的决策能力。这类方法能够提供直观的评估结果，但可能无法覆盖所有可能的情境。

（3）标准

行业标准为人工智能的开发和应用提供了重要的指导，为人工智能的伦理应用提供了重要参考。

①**专业行为准则：**澳大利亚计算机协会（ACS）和美国计算机协会（ACM）等组织制定了专业行为准则，为人工智能开发者和从业者提供了伦理指导。这些准则强调了开发者在技术开发过程中应遵循的伦理原则，如透明度、公平性和隐私保护。

②**国际标准制定：**IEEE和ISO/IEC等国际组织也在制定相关的人工智能标准。例如，IEEE的《人工智能设计伦理准则》和ISO/IEC的《人工智能伦理框架》等标准，为人工智能的开发和应用提供了全面的伦理指导。这些标准不仅涵盖了技术层面的要求，还涉及社会和环境层面的考量。

③**行业自律：**除了国际和国内标准，行业自律也是推动人工智能伦理发展的重要力量。例如，一些科技公司成立伦理委员会，制定内部的伦理规范，确保其产品和服务符合伦理要求。这种自律机制能够快速响应伦理问题，推动行业的健康发展。

人工智能伦理问题的复杂性和多样性要求我们从多个角度进行分析和应对。通过制定伦理指南、明确伦理原则、开发技术解决方案及完善法律法规，可以在推动人工智能技术发展的同时，最大限度地减少其潜在的伦理风险。未来，随着人工智能技术的进一步普及，伦理问题的解决将更加紧迫和重要，需要全球范围内的合作与努力。

思考题

1. 简述机器学习和深度学习的关系，以及它们在技术实现上的区别。

2. 简述自然语言处理和计算机视觉两大应用领域分别面临的技术挑战。

3. 简述监督学习和无监督学习的差异，并分别给出实际应用场景。

4. 列举人工智能发展史上的三个关键里程碑（如达特茅斯会议、AlphaGo战胜人类顶尖棋手等），并说明其意义。简述20世纪70年代和90年代被称为人工智能“寒冬”的原因，以及这些“寒冬”对后续研究的启示。

5. 生成式人工智能可能传播虚假信息或偏见，简述至少两种技术或政策层面的解决方案。

6. “信息茧房”是指人们关注的信息领域会习惯性地被自己的兴趣引导，从而将自己的生活桎梏于像蚕茧一般的“茧房”中的现象。简述算法推荐系统如何加剧“信息茧房”现象，并从个人认知和社会治理角度给出应对措施。

7. 从心理学、法学和计算机科学的交叉视角，分析将人工智能应用到司法判决中可能产生的潜在伦理问题。

2 人工智能基础

现实世界中的数据往往缺乏清晰的标签和规律性，具有高维噪声和非结构化的特点，且动态环境中的时变因素进一步加大了人工智能模型的泛化难度。许多实际问题需要在有限资源约束下平衡多个相互冲突的目标，智能应用的落地往往面临数据的高维与非结构化、动态环境的不确定性，以及多目标优化的权衡难题。融合机器学习和运筹学，最优化（Optimization）对多目标间的权衡进行建模，搜索（Search）实现解空间中的高效导航，分类（Classification）和回归（Regression）实现从数据到预测的映射，聚类（Clustering）揭示数据中的潜在模式。人工智能系统使用最优化、搜索、分类、回归和聚类等方法，构建从数据到决策的桥梁，在动态、模糊、充满不确定性的世界中，为人们解决实际问题提供可用的解决方案。本章介绍最优化、搜索、分类、回归和聚类的基本思想和代表性方法，为后续内容的学习奠定基础。

2.1 最优化问题概述

最优化问题旨在从一组可能的解决方案中找出使某个目标最小化或最大化的最佳方案（如成本、时间或效益等），通常该目标通过数学公式表示为目标函数。最优化问题中设定的限制条件称为约束条件，规定了解决方案的边界或限制。例如，投资组合优化问题中，可能会有资金总额的限制或每项投资的上限。这些约束条件有助于缩小可能的解决方案范围，确保解决方案在实际中的可行性。最终，最优化问题的目标是使目标函数的值在所有符合约束条件的方案中找到一个最优解。

机器学习中的损失函数（Loss Function）用于衡量模型预测结果（如模型计算得到的人的身高）与真实结果（如人的实际身高）之间的差异，其本质是一个数学函数。机器学习中的参数最优化，旨在通过调整模型权重、偏置、网络深度等参数，从而最小化损失函数，在参数空间中高效搜索最优解。主要方法包括：

● *基于种群的方法*：通过随机生成一组候选解，计算每个解的损失函数值并衡量其优劣，保留适应度高的解，通过基因交换（交叉）和随机扰动（变异）生成新的解，重复评估、选择、交叉与变异操作，直至满足迭代次数或结果已收敛。

● *基于物理的启发式方法*：借鉴物理现象设计搜索策略，随机生成初始解并设定初始能量参数，通过在当前解附近随机扰动而生成新解，并以一定概率接受比当前解更差的解，逐步降低能量参数、减少接受劣解的可能性，直到能量降至阈值或解不再改进时停止。

● *基于模型的优化方法*：利用目标函数的数学性构建优化模型并更新参数，重复这一步骤直至损失函数值稳定。

作为机器学习和深度学习模型训练的基础优化方法，梯度下降法（Gradient Descent）通过最小化损失函数，为各类预测模型的参数优化提供了有效的解决方案。下面以梯度下降为代表，介绍损失函数最小化的基本思想。

梯度是损失函数相对于模型参数的变化率，表示损失函数在当前点上的变化，简单来说，如果梯度指向某个方向，意味着按照这个方向调整参数，损失会降低，模型也会变得更好。例如，如果图像分类模型把一只猫错误分类为狗，梯度会指导模型调整参数以更接近猫的分类。因此，应选择一个使得损失函数减小的方向，逐步调整模型的参数，直到找到最优解。

梯度下降法通过迭代更新参数来最小化损失函数，核心思想是沿着损失函数梯度的反方向以逐步降低模型的预测误差，最终逼近全局最优解。梯度下降法不仅是机器学习中最优化的基石，也是理解深度学习中反向传播和强化学习策略优化等复杂优化方法的基础。梯度下降从初始化参数开始，随机选择一个初始值作为模型参数，然后计算损失函数相对于这些参数的梯度，以获取损失函数增加最快的方向。为了最小化损失，需要沿着梯度的相反方向调整参数。每次更新的步长由一个称为学习率的参数控制，该参数决定了每次参数更新的幅度。参数更新时，用当前的参数减去学习率和梯度的乘积，使模型朝损失减少的方向前进。重复这一过程直到损失函数的变化非常小（即接近稳定）或达到预设的最大迭代次数。实际中可使用Adma等优化器，结合当前和过去的变化信息以实现学习率的自适应调整，使得参数更新更加高效且稳定。

2.2 搜索

2.2.1 搜索的基本思想

搜索问题旨在从一个数据集中高效地找到满足特定条件的元素或信息，是计算机科学和人工智能中的核心问题，被广泛应用于数据库查询、信息检索、路径规划等。例如，在智能导航系统中，用户输入起点和终点后，需要从数百万条道路的复杂路网中快速规划出最优行驶路线。若直接枚举所有可能的路线组合，计算量将随道路节点数量呈指数级爆炸增长，导致响应时间远超实际需求。这种场景下，搜索问题的挑战在于如何在有限时间内从庞大的候选空间中高效筛选出符合约束的解。

搜索的本质是对初始状态到目标状态的探索。以路径规划为例，输入包含起点位置、终点条件及状态转移规则，输出则是满足约束的路径序列或无解结论。搜索的核心目标是以最小的计算代价完成从初始状态到目标状态的探索，其策略需要根据问题特征进行动态调整。例如，挖掘社交网络中的用户关联关系时，根据搜索最短路径、考虑用户活跃度，或者处理大规模社交网络等不同目标，采取不同的搜索策略，同时降低计算复杂度。常用的搜索方法包括：

- 二分搜索（Binary Search）：在有序数据中不断缩小搜索范围至原范围的二分之一，常用于日志、时间戳和字典等静态有序数据的查询。

- 深度优先搜索（Depth First Search）：沿路径“深入”遍历、探索所有分支，适合寻找可行解或遍历网络结构，如迷宫求解、拓扑排序、文件目录遍历等。

- 广度优先搜索（Breadth First Search）：按层次“扩散”遍历，优先访问离起点最近的节点，保障找到最短路径，常用于社交网络好友推荐、网页爬虫、最短路径规划等问题。

- A*算法：结合从起点到当前节点的实际代价和启发函数，预估到终点距离的代价，优先探索综合代价最小的路径，常用于游戏路径规划和机器人导航等问题。
- 哈希搜索（Hashing Search）：通过哈希函数直接定位数据的存储位置，在平均情况下实现常数时间的查找，常用于数据库索引和缓存系统等。

二分搜索和深度优先搜索是人工智能领域的两种经典搜索方法，凭借其独特的优势为不同场景的智能决策与探索提供基础工具。二分搜索以其高效性和确定性著称，通过每次将搜索范围缩小一半的方式实现目标的高效定位，在静态有序数据场景中表现得尤为突出。例如，在决策树分类中，使用二分搜索高效确定特征划分的阈值，加速模型的训练；在强化学习中，使用二分搜索辅助优化策略空间的边界探索，提升学习效率。深度优先搜索更注重对状态空间的全面探索，深入路径的每一个分支，即使面临复杂的网络结构或大规模状态空间，也能以较少的内存开销遍历所有可能性，这一特性使其成为解决约束满足问题和路径规划问题的重要技术，尤其在需要穷举所有可能解的场景中不可或缺。例如，深度优先搜索结合剪枝策略，可有效模拟棋类游戏的落子决策，通过递归遍历实体关系链以挖掘隐含信息，实现知识图谱推理。

2.2.2 搜索方法

（1）二分搜索

图书管理员在按字母顺序编排的《世界地理百科全书》中检索“尼罗河”词条时，若采用逐页翻阅的线性搜索方式，面对 10 万页的书籍可能需要数小时；而若利用目录的有序特性，每次直接跳转至当前搜索区间的中间页，根据词条在字母表中的前后关系排除一半无效区域，则仅需约 17 次翻页即可锁定目标。二分搜索采用这种分而治之的策略，通过系统性地将有序数据集的搜索区间对半分割，实现搜索效率的提升。

二分搜索的可行性建立在数据严格有序排列的基础之上，其本质是通过中间值与目标值的比较，将搜索空间划分为可能区域和排除区域两个部分。初始化时将左右边界设为数据集首尾索引，计算中间位置索引，若中间值等于目标值则直接返回；若目标值更大，则调整左边界至中间位置右侧以聚焦后半区间；反之则调整右边界至中间位置左侧以聚焦前半区间。通过持续排除不可能包含目标的半区，将搜索规模以几何级数缩减。对于包含n个元素的有序数据集，最多仅需$\log_2 n$次比较即可完成搜索。

例 2.1 给定数据集{3, 7, 12, 16, 21, 23, 25, 30, 45, 50}，使用二分搜索查找目标值 23。从整个数组范围开始，第一次取中间值 21，由于 23 大于 21，仅搜索右半区；第二次在右半部分取中间值 30，由于 23 小于 30，转向搜索左半区；最终在剩余区间找到 23。整个过程通过 3 次元素比较完成定位。以上搜索过程如图 2.1 所示。

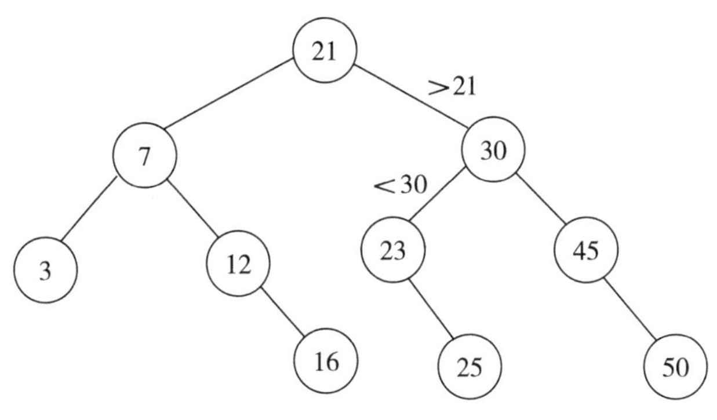

图 2.1 二分搜索过程

（2）深度优先搜索

想象一位冒险者手持火把进入多层地宫探索未知空间的场景，地宫由错综复杂的走廊构成，每个分岔口都延伸出若干条新通道，某些路的尽头藏着重要线索。若采用随机的方式，冒险者极可能陷入循环绕路的困境，但若采取“单通道深度推进”策略（即优先沿着某条路径走到尽头），再退回最近的分岔点切换新路线，则能高效完成全图测绘。深度优先搜索适用于树状层级结构或带访问标记的网络结构，通过尽可能深地探索每个分支路径，利用回退机制遍历所有可能状态，适用于需要穷尽多种可能性的问题。具体实现时，深度优先搜索使用一种称为栈的数据结构来记录待探索的节点。栈可以简单理解为一个“后进先出”的列表，也就是说，最后加入的节点会最先被处理。算法每次优先处理最近加入的节点，然后把该节点所有未访问的相邻节点加入栈中并标记。当栈为空时，说明所有可能的路径都已被探索，此时可以判断目标不存在。

例 2.2 在图 2.2 的树状结构中，从根节点*A*出发，用深度优先搜索查找目标节点*G*。

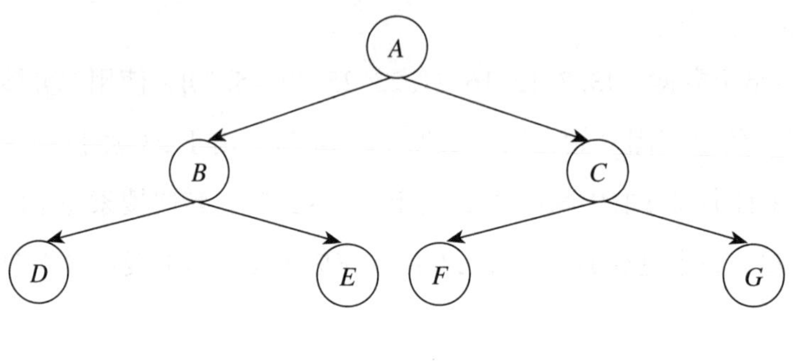

图 2.2 二叉树

从根节点*A*出发进行深度优先搜索，优先沿左分支深入到底层。到达最左边的叶子节点*D*后，回退至节点*B*并访问其右叶子节点*E*。重复该过程，直到每个节点都访问一遍。图 2.3 给出搜索过程中进出栈的顺序。

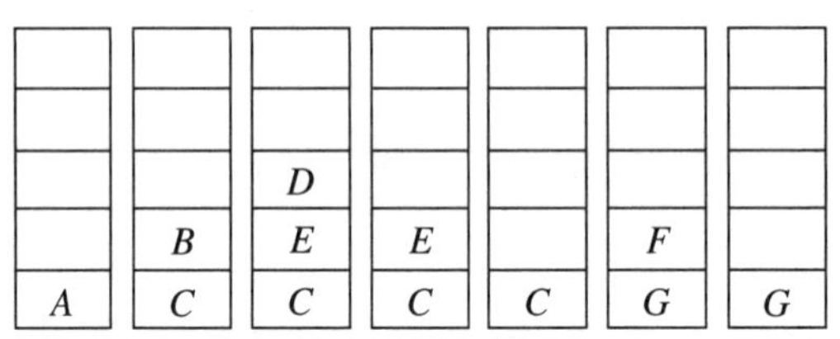

图 2.3 深度优先搜索中的进出栈顺序

2.3 分类

2.3.1 分类的基本思想

分类是人工智能中一种基于数据特征对事物进行自动归类的核心技术，其基本思想是模仿人类“总结规律—应用规律”的认知过程。例如，人类在认识、区分猫狗时，会指出“猫耳朵尖、脸圆，狗耳朵垂、脸长”等特征，计算机的分类过程与之类似。首先需要收集大量已标注类别的数据，然后，计算机会自动分析不同类别数据的特征差异（如在图片中提取耳朵形状、眼睛位置、毛发纹理等视觉特征）并建立分类规则，遇到新数据时对照模型中的规则进行判断和预测。分类是机器学习和数据挖掘中的经典方法，广泛应用于医疗健康领域的症状识别、金融领域的欺诈检测、市场营销中的客户分群等许多场景，展现出强大的跨领域适用性。

分类旨在从已标注的数据中学习特征与类别之间关联性的规则，从而对未知样本的类别进行预测，为数据样本分配预定义的类别标签，既可以处理垃圾邮件识别等二选一的问题，也能应对手写数字识别等多类别场景，是一种推断性数据分析方法。分类方法的目标是以最小的误差将样本划分到正确的类别，需解决两种分类问题：一种是判别式分类，可以直接学习类别边界，适用于特征与类别关系明确的场景；另一种是生成式分类，可以对类别内部的数据分布进行建模，适用于需要估计概率的场景。常用的分类方法包括：

- 决策树（Decision Tree）：通过树状结构实现数据的分类，其关键在于递归选择最优特征进行节点分裂。每个内部节点表示一个特征的测试条件，分支代表测试结果，叶子节点则对应最终分类结果，具有简单直观、可解释性强、多样化数据适应性强的优点。

- 支持向量机（Support Vector Machine）：基本思想是通过寻找一个最大间隔超平面，将不同类别的数据点尽可能远离分隔线以实现分类。对于非线性可分数据，支持向量机将其映射到高维空间，使其线性可分。

- K-最近邻（K-Nearest Neighbor）：基于“物以类聚”的思想，通过计算待分类样本与训练集中所有样本的距离（即相异程度），选取距离最近的K个邻居，根据邻居类别进行待分类样本的类别预测。该方法无须显式训练过程，但高维数据下的距离计算效率低，需通过降维或特征筛选进行优化。

- 逻辑回归（Logistic Regression）：一种经典的二分类方法，首先将线性方程的输出值压缩到[0, 1]区间，映射为样本属于某一类别的概率，具有模型简单和可解释性强的特点。

- 朴素贝叶斯（Naive Bayes）：假设一个属性值对给定类的影响独立于其他属性值，首先分别计算出待分类样本属于每个类别的概率，然后选择概率最大的类别作为该样本所属的类别。尽管独立性假设在实际中鲜少成立，但该方法由于其仅需统计属性值的频率，计算效率较高，被广泛应用于文本分类和医学诊断等领域。

下面分别介绍决策树、支持向量机、K-最近邻这三种具有代表性的分类方法。

2.3.2 分类方法

（1）决策树

决策树是一种通过反复特征分裂而构建树形规则的分类模型，其核心是选择最优特征分割点，使得这样的分支节点所包含的样本尽可能属于同一类别（称为纯度），从而生成决策路径。例如，在预测用户是否会点击广告这一分类任务中，决策树的每个内部节点表示一个特征条件（如“年龄是否小于 20 岁”），每条边代表条件的结果为“是”或者“否”，叶子节点则对应最终的类别（如“点击广告”或“未点击”），目标是通过特征分裂，使每个子集的类别尽可能具有最高的纯度，也就是使同一子集中的数据属于同一类别的可能性最高。

1）特征选择

决策树的构建始于特征的选择，目标是从所有可用特征中挑选出最能区分数据类别的特征，为此，通常采用一些衡量标准来评估特征的有效性：

● 信息增益（Information Gain）：通过衡量特征对数据纯度的提升程度来判断其优劣。具体而言，信息增益反映使用某个特征分割数据后，子集的不确定性是否显著降低，其数学表达式为 $IG = H(D)-H(D \mid A)$，其中，$H(D)$ 表示原始数据集的熵（即混乱程度），$H(D \mid A)$ 表示根据特征 A 划分后得到的子集的熵。

● 基尼不纯度（Gini Impurity）：用来衡量子集中类别混杂的程度，该值越低，子集的纯度越高，其数学表达式为 $Gini = 1-\sum_{i=1}^{c} p_i^2$，其中 p_i 是子集中第 i 类所占的比例。

然后使用选定的特征对数据集进行分裂，也就是将数据集根据该特征的不同取值划分为多个子集。分裂过程会持续进行，直到满足某些终止条件为止。这些条件包括子集中的所有数据已属于同一类别，此时子集纯度达到 100%；或者所有特征都已被遍历完毕，且剩余特征无法用以进一步分割数据。

2）数据集分裂

接着在每个分支上重复执行相同的分裂过程，即重新选择特征并分裂数据集，直至所有叶子节点的数据都属于具有最高纯度的类别。该过程中，每次分裂的关键在于优先选择那些能最大限度降低数据混乱程度的特征。通过这种逐步细分的方式，逐渐形成决策树，最终可以有效地对数据进行分类。

例 2.3 使用表 2.1 中的数据训练决策树，用于预测用户是否会点击广告。计算所有特征的基尼不纯度，选取“每日活跃时间”这一用于数据划分的特征，检测用户“每日活跃时间”是否达到 1 小时，满足该条件的用户直接判定为“点击”广告群体；未达标者则根据性别二次筛选，男性用户判定“点击”，女性用户判定“未点击”。该模型最终将用户分为“高活跃点击者”“低活跃男性点击者”“低活跃女性未点击者”三类群体，其决策树如图 2.4 所示。

表 2.1 “用户点击广告”样本数据

用户	年龄	性别	每日活跃时间	历史浏览记录	是否点击广告
A	25	男	2 小时	科技产品	是
B	28	女	30 分钟	服装	否
C	30	男	1.5 小时	电子产品	是
D	40	男	50 分钟	旅游攻略	是
E	35	女	45 分钟	母婴用品	否

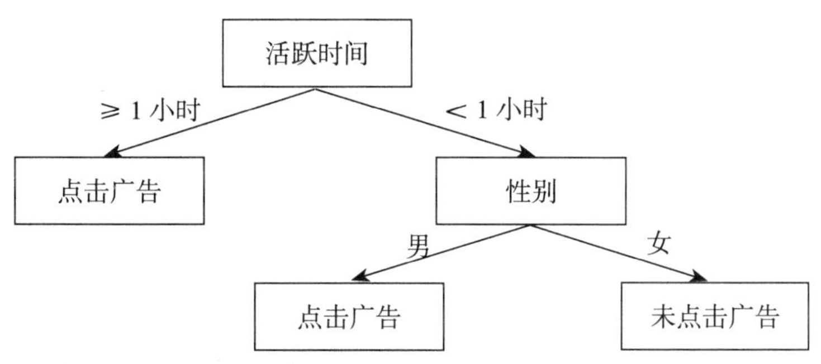

图 2.4 “用户点击广告”决策树

（2）支持向量机

智能垃圾分类是现代城市社区中面临的典型问题，即如何准确区分不同类别的垃圾，简单的直线划分往往会误判某些特殊垃圾。支持向量机不仅可以划出分界线，还能建立一个带有类似缓冲隔离带的智能边界，使得两侧数据都尽可能远离分界区域，如同在城市规划中既要划定行政区界，又要预留生态隔离带以保障未来发展空间。

支持向量机的目标是在保证分类准确的前提下最大化不同类别数据之间的间隔，间隔是分割超平面（高维空间中将数据分割为两部分的平面）到最近数据点的安全距离。在数据线性可分的情况下，模型首先捕捉靠近潜在分界线的数据点（称为支持向量），随后通过优化调整分界线位置以确保分界线到两侧最近支持向量的垂直距离达到最大且对称平衡。这种策略使得模型具备抗干扰特性，即使存在个别异常样本，也能维持整体边界的稳定性。

现实中的分类任务往往面临更复杂的非线性场景。例如，厨余垃圾在特征空间呈现中心聚集、其他垃圾环形包围的分布格局。支持向量机通过核函数（度量空间中两个点之间的相似度的映射）实现维度跃迁，将二维平面数据映射到高维空间，多维空间中原本环形分布的数据也可被超平面分隔为两个部分。

例 2.4 教育机构希望通过学生的平时成绩（满分 50 分）与期末成绩（满分 50 分），对其能否通过课程考试进行预测。表 2.2 给出 4 名学生的数据。

表 2.2 “学生是否通过考试”数据

学生	平时成绩（分）	期末成绩（分）	通过考试（通过 =1，未通过 =0）
甲	45	48	1
乙	20	22	0
丙	38	40	1
丁	25	30	0

首先针对位于分类边界的关键样本，通过者丙、未通过者丁分别为最靠近未通过样本和通过样本的支持向量。设分类直线方程为 $w_1x_1+w_2x_2+b=0$，将支持向量丙和

丁代入约束条件，解方程 $38w_1+40w_2+b=1$ 和 $25w_1+30w_2+b=-1$，最终通过支持向量机得到的分界线为 $0.02x_1+0.05x_2=2.76$。

（3）K-最近邻

K-最近邻是一种基于实例的学习方法，用于分类和回归任务。其基本思想是通过计算新样本与训练集中每个样本的距离，选择距离最近（即最相似）的 K 个邻居，根据这些邻居的标签类别进行预测。注意到，K-最近邻是一种“懒惰”学习方法，并不在训练阶段建立分类模型，而是在预测时使用训练数据，也就是说，该方法计算每个新样本与训练集中各个样本间的距离，选取距离最近的 K 个邻居并通过投票或加权平均来确定其类别。例如，若需要预测用户是否会点击广告，K-最近邻方法针对新用户会计算其与历史用户（如年龄、活跃时间等特征）之间的距离，选出最近的 K 个用户，若这 K 个用户中点击广告的人数多，则预测新用户也会点击广告。

例 2.5 表 2.3 给出一组中国古典文学书籍的数据，包含每本书的诗词引用次数和历史事件提及次数两个特征。使用K-最近邻方法预测新书《搜神记》（未在训练集中）的类别，该书的诗词引用次数为 120、历史事件提及次数为 15。

表 2.3 中国古典文学书籍数据

书籍名称	诗词引用次数	历史事件提及次数	类型
《红楼梦》	200	50	世情小说
《三国演义》	30	180	历史演义
《聊斋志异》	150	20	志怪小说
《儒林外史》	80	100	讽刺文学
《西游记》	100	10	志怪小说

首先计算《搜神记》与其他书籍的距离分别为 30.4、188.3、85.4、93.4 和 20.6。然后选择 $K(K=3)$ 个邻居并按距离排序，前三名中《西游记》（距离为 20.6）是志怪小说、《红楼梦》（距离为 30.4）是世情小说、《聊斋志异》（距离为

85.4）是志怪小说。通过多数投票预测结果，3 个邻居中有 2 票为志怪小说、1 票为世情小说，最终预测《搜神记》为志怪小说。

2.4 回归

2.4.1 回归的基本思想

实际应用中，除了使用分类方法解决离散型变量（取值用自然数或整数单位计算）间的关系，许多问题需要对连续型变量（可以任意取值并进行任意精度测量）间的关系进行建模。例如，一家房地产公司分析历史成交数据，发现房价与面积密切相关。具体而言，面积每增加 1 平方米，价格就上涨 3 万元。通过回归分析，可以量化不同特征对房价的影响（如房龄和地段），进而精准预测新房的合理售价。

回归是机器学习中用于预测连续型变量取值的经典方法，其本质是对输入变量与连续型输出变量之间的映射关系进行建模，回答“多少”的问题，而非“是否”的判断，广泛用于金融风险评估、医学预后分析、环境监测、工业制造优化等领域。给定一组样本，每个样本都包含一些描述性的特征及一个真实的数值，回归模型通过分析这些样本找到一个规律或函数，使得当输入新的样本特征时，模型预测的数值能尽量接近实际值。常用的回归方法包括：

- 线性回归（Linear Regression）：回归分析中最基础的模型，其基本思想是假设目标值与特征呈线性关系，通过数学方法拟合直线或超平面，具有解释性强和计算效率高的优点，常用于特征与目标值之间存在明显线性趋势的简单问题。

- 决策树回归（Decision Tree Regression）：不断将数据划分为子集，通过不断划分特征空间以构建树状结构，每个内部节点对应一个特征的条件判断，叶子节点输出该区域的平均值并作为预测结果。决策树回归的优势在于无须对数据进行取值区间统一化的预处理，可自动处理非线性关系，且决策路径直观可解释，适用于数据中存在复杂非线性关系或需要可解释性要求高的场景。

- 岭回归（Ridge Regression）：对线性回归模型进行扩展，使模型权重控制在一个范围内，并约束模型复杂度以防止过拟合，适用于特征数量多、共线性显著的高维数据。

● 随机森林回归（Random Forest Regression）：通过从原始训练集中抽样以生成多个子集，每个子集独立训练一棵决策树，最终预测结果为所有树输出结果的平均值。相比单一决策树，随机森林能有效处理高维数据和非线性关系，适用于高维数据和噪声较多的场景。

● 神经网络回归（Neural Network Regression）：通过多层非线性变换逼近复杂映射关系，包含输入层、若干隐藏层和输出层，基于梯度下降法优化权重参数并最小化预测误差，具有强大的非线性表达能力，可捕捉特征间的交互作用，适用于大规模数据、高非线性或需自动抽取特征的场景。

下面分别介绍线性回归、决策树回归和岭回归方法。

2.4.2 回归方法

（1）线性回归

线性回归是一种监督学习方法，用于对输入变量与连续型输出变量之间的线性关系进行建模，其基本假设是目标值可以通过特征的线性组合来预测，并通过最小化预测值与真实值之间的误差来找到最佳拟合直线，其数学表达式为$y = wx+b$，其中，y为预测值，x为输入变量，w为斜率，b为截距。

为使预测值与真实值之间的差距尽可能小，线性回归通常采用均方误差来衡量这种差距，进而调整参数w和b。具体而言，对于每一个样本，首先用w乘以样本特征，再加上偏置b，从而计算其预测值；然后计算预测值与实际值之间的误差，再将该误差值取平方；最后对所有样本的平方差求平均值，得到的平均值称为均方误差，反映模型的整体预测误差。为使预测值与真实值之间的平均平方误差最小，采用梯度下降法搜索最优参数。其基本思想是通过分析所有样本数据计算出斜率w，反映各样本特征值与其平均值之间的偏差与对应目标值偏差之间的关系，再利用目标值的平均值和该斜率确定直线的截距b。这样得到的直线能够尽可能地接近所有样本的真实值，从而实现最优的拟合。

例 2.6 房地产公司收集了一组记录房屋面积（平方米）与对应售价（万元）的数据，其中，一套 80 平方米的房屋售价为 320 万元，一套 120 平方米的房屋售价为 480 万元。使用线性回归模型，建立房屋面积与售价之间的线性关系：售价 =4 ×

房屋面积，从而预测未知房屋的售价。

（2）决策树回归

决策树回归是一种基于树结构的监督学习方法，用于预测连续型目标变量（如收入或房价）。其基本思想是不断将数据集划分为更小的子集，使得每个子集内的目标变量尽可能相似，最终将叶子节点的平均值作为预测值。与线性回归不同，决策树回归擅长捕捉非线性关系和阶段性变化，且结果具有较强的可解释性。

例 2.7 在经济学中，收入与年龄的关系通常呈现非线性关系，青年（20~30岁）阶段收入快速增长，中年（31 ~ 49 岁）阶段收入增速放缓并趋于稳定，老年（50 岁及以上）阶段收入逐渐下降。决策树回归能够自动划分不同年龄段（如≤ 30岁、31 ~ 49 岁和≥ 50 岁），并为每个年龄区间预测平均收入，流程如图 2.5 所示。

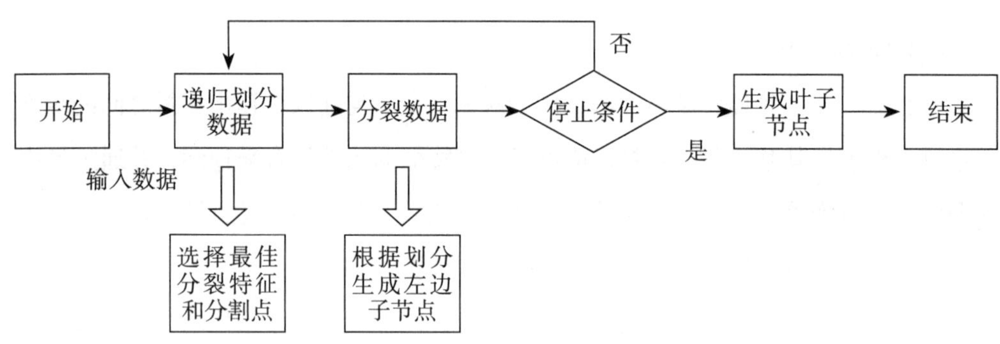

图 2.5 决策树回归流程

给定如表 2.4 所示的年龄与收入数据，使用决策树回归预测年龄与收入间的关系。

表 2.4 年龄与收入数据

年龄（岁）	收入（万元 / 年）
25	8
28	12
35	18
40	20
55	15

先在年龄为 30 岁处进行分割，将人群划分为青年组与中高龄组，中高龄组进一步在年龄为 50 岁处细分为壮年组与老年组，最终形成三层决策规则。年龄阈值将人群划分为不同收入类别，揭示“壮年期收入达峰，老年期收入逐步回落”的趋势，其决策树如图 2.6 所示。

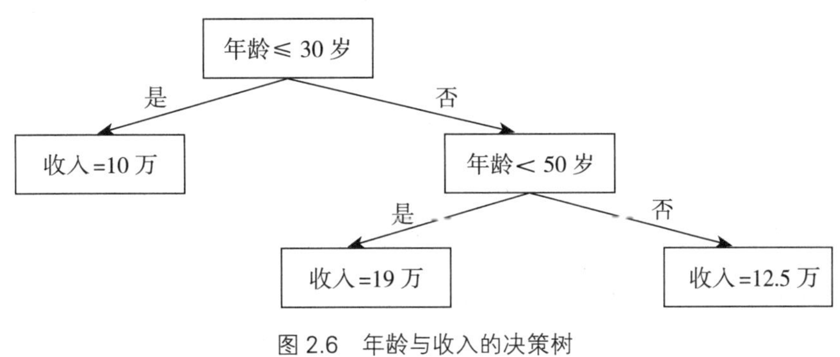

图 2.6 年龄与收入的决策树

（3）岭回归

假设一家金融公司希望通过通货膨胀率、失业率和利率等宏观经济指标预测股票市场的收益率，而这些经济指标之间可能存在高度相关性（如通货膨胀率与利率通常呈正相关），这可能导致传统的线性回归模型出现估计结果失真或难以准确估计的问题，从而影响模型的稳定性和预测精度。岭回归可有效解决上述问题，在最小化预测误差的同时约束模型权重的大小，以提升模型的稳定性和泛化能力。相较于线性回归，岭回归在训练过程中考虑让模型预测值与实际值之间的误差尽可能小，以保证预测结果的准确性，同时限制模型参数的大小、控制模型的复杂度（例如，使用一系列宏观经济指标来构建股票收益率预测模型），从而提高模型对新数据的适应能力。

2.5 聚类

2.5.1 聚类的基本思想

实际中的数据还存在无标注的情况，许多场景需要从未标注数据中自动发现潜在模式。例如，一家零售企业收集了数百万顾客的购物行为数据，但缺乏明确的群体划分标准，通过聚类分析，企业可以识别出具有相似消费偏好的顾客群体，如频繁购买母婴用品的家庭主妇、热衷电子产品的科技爱好者、偏好季节性促销的节俭型消费者等。基于这些群体特征，企业可为不同顾客群体定制精准的营销策略。例如，向科技爱好者优先推送新品预售信息，为价格敏感群体设计组合优惠方案。

聚类是一种无监督学习方法，旨在将数据样本划分为若干个簇，使得同一簇内样本的相似性最大化，而不同簇之间的差异性最大化。与需要预定义类别的分类方法不同，聚类通过对数据内在结构的探索，揭示样本之间的自然关联模式，广泛应用于市场营销、医疗诊断、社交网络分析、文本挖掘等领域，体现了聚类“让数据自述其故事”的核心价值。作为探索性分析工具，聚类不仅服务于群体划分，还可支撑更复杂的分析任务。在生物医学领域，基因表达数据的聚类有助于发现疾病亚型；在工业检测领域，通过异常点检测可识别设备异常状态；在信息服务领域，用户分簇可提升用户与商品之间相似度的计算效率。常用的聚类方法包括：

● K-均值（K-Means）聚类：通过不断迭代优化，将数据点划分到距离最近的簇，同时最小化所有样本与其所属簇中心的距离平方和。这种方法假设数据呈球形分布，适合处理结构相对简单的数据集。例如，在客户分群中根据消费行为将用户划分为不同群体，在图像压缩时通过减少颜色种类来降低存储空间。

● 层次聚类：通过逐步合并或分裂数据点，形成树状的层次化簇结构，既能从宏观视角观察大类划分，也能深入微观分析子类。这种多粒度特性，使多层次聚类方法用于生物分类学中以构建物种进化树，或在文档分析时根据主题相似度生成层次化的内容分类体系。

● 基于密度的噪声应用空间聚类（Density-Based Spatial Clustering of Applications with Noise, DBSCAN）：基于密度定义的簇结构，能够发现任意形状的密集区域，并自动识别噪声点。例如，在地理信息系统中，使用该聚类方法可识别出城市人流密集的热点区域；在金融风控中，使用该聚类算法能有效检测信用卡交易中短时间内多地刷卡的异常行为。

● 谱聚类：将数据映射到低维空间，再利用图论方法捕捉复杂结构，适合处理高维数据。例如，使用谱聚类能有效划分社交网络中的用户关系网，通过像素相似度将图像分解为连贯的视觉区域，进而实现有效的图像分割。

下面以K-均值、DBSCAN和层次聚类为代表，介绍聚类方法的主要步骤。

2.5.2 聚类方法

(1) K-均值聚类

若城市规划师需要将城市中的居民区划分为3个商业中心，通常的做法是首先在地图上随机标记3个临时位置，居民自动选择最近的商场购物，随后根据实际顾客分布重新计算更靠近客流中心的新位置。经过多轮调整，商场最终稳定在能最大化覆盖客户的位置。这种商场动态选址的做法，反映了K-均值聚类方法的基本思想。

K-均值是一种无监督学习方法，旨在将数据集划分为K个互不相交的簇，使得同一簇中的样本间的距离尽可能接近，而不同簇中的样本尽可能远离。首先随机设定K个中心点，随后反复执行两个步骤：将所有数据点分配给最近的中心形成临时簇，根据簇内数据点的均值更新簇中心位置。当中心点位移小于设定阈值或达到最大迭代次数时，输出最终簇的划分结果。

例2.8 若教师需要根据学生“数学”和“英语”两门课的成绩，将6名学生分为2组，如“理科优势组”和“文科优势组”。成绩数据如表2.5所示，满分10分。使用K-均值方法对学生成绩进行聚类的计算过程如图2.7所示。

表2.5 学生成绩

学生	A	B	C	D	E	F
数学成绩（分）	2	2	3	6	7	7
英语成绩（分）	3	4	5	2	3	4

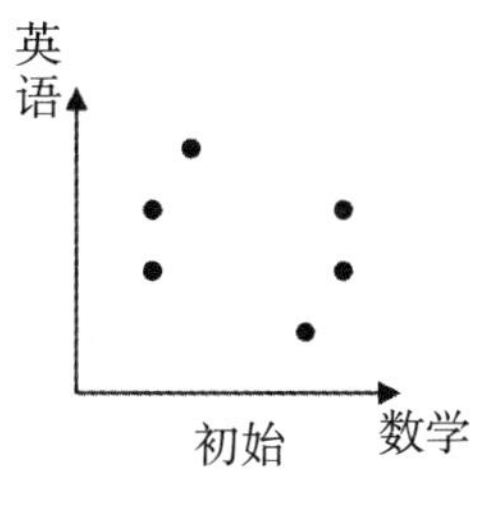

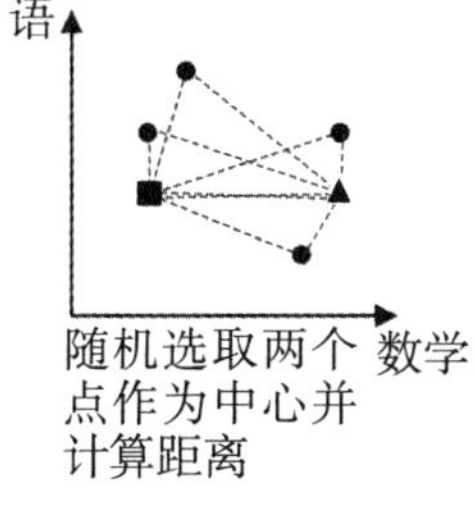

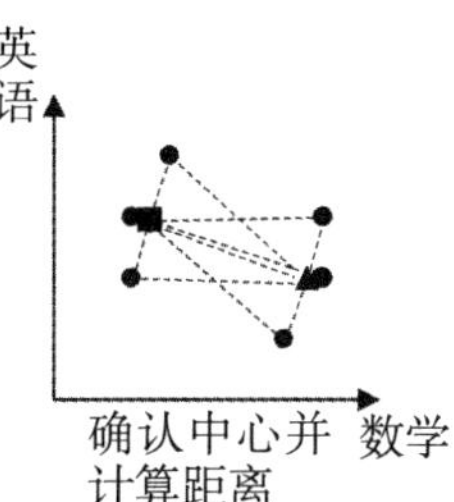

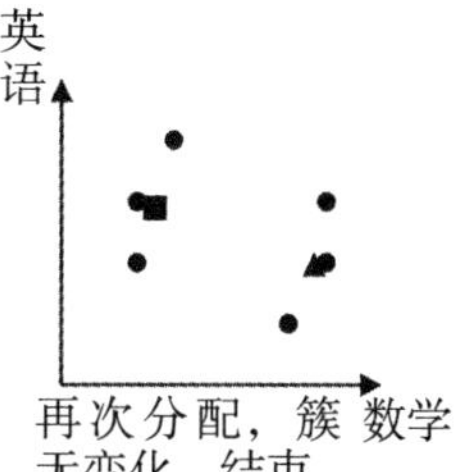

图2.7 学生成绩的K-均值聚类

（2）DBSCAN密度聚类

医生在医疗影像分析中面临肿瘤细胞识别的难题，癌细胞可能呈现星状扩散、环形浸润等不规则形态，且存在大量正常细胞作为背景噪声。若使用K-均值等基于距离的聚类方法，则可能将连续扩散的癌细胞错误切割为多个圆形区域，或受噪声干扰而形成无效的簇。DBSCAN方法展现出独特优势，能够根据细胞分布的密集程度精确捕捉任意形状的病变区域，同时将孤立的正常细胞标记为噪声，从而辅助医生快速定位恶性肿瘤。

DBSCAN是一种基于空间密度的无监督聚类方法，其基本思想是簇形成于数据密集区域，而稀疏区域的样本应被视为噪声。无须像K-均值一样预设簇的数量，DBSCAN通过邻域半径和最小邻居数动态划分数据，其中邻域半径定义局部密度范围，最小邻居数决定核心点的最低密度标准，二者共同控制簇的粒度。

DBSCAN的执行始于密度探索，从任意未访问样本出发，若其邻域半径内样本数达到最小邻居数，则标记为核心点并启动簇扩展。例如，在交通流量分析中，车辆密集的十字路口被识别为核心点，其周围车辆被逐步吸收形成车流簇。该过程重复扩展，直至无法吸收新成员，形成类似城市扩张的连锁反应。对于密度不足的样本，若位于核心点邻域内则划为边界点，这类样本如同卫星城镇，虽不具备独立核心地位，但仍归属主簇影响范围。例如，电商平台中低活跃用户因频繁访问核心用户页面而被归入同一兴趣群体。最终，未被任何核心点吸收的孤立样本被标记为噪声。这些低密度区域样本在气候分析中可识别极端温度异常值，在工业检测中反映了设备的异常信号。通过核心点、边界点与噪声的三级划分，DBSCAN完整揭示数据的内在模式，为复杂模式分析提供有效的工具。

例 2.9 某城市有 8 个共享单车停放点，其坐标如表 2.6 所示，使用DBSCAN方法识别这些停放点中的热点区域及零星停车点，设置邻域半径为 1.5、最小邻居数为 3。

表 2.6 共享单车位置

停车点	P1	P2	P3	P4	P5	P6	P7	P8
X 坐标	1	1	2	5	5	6	10	11
Y 坐标	1	2	1	4	5	5	3	2

当设定邻域内至少包含 3 个坐标点时，P1、P2 和 P3 因相互聚集形成高密度区域而被标记为核心点，P5 虽单独出现但关联 P4 和 P6 而构成次核心区域。然后通过密度扩展，P1、P2 和 P3 自动聚合为簇 1，P5 则将 P4 和 P6 纳入簇 2，形成两个独立的热点区域。未达到密度阈值的 P7 和 P8 因孤立分布而被识别为噪声。最终得到簇 1（P1、P2、P3）可能对应交通枢纽，簇 2（P4、P5、P6）反映商业区特征，而 P7 和 P8 的异常分布提示需调整区域车辆投放量。

(3) 层次聚类

若一名生物学家需要对 6 种植物进行分类，而这些植物的叶片形状、花期、基因序列等特征复杂，生物学家希望不仅得到分类结果，还能展示不同物种之间的亲缘关系层次，即哪些植物属于同一科、哪些属于同一属。层次聚类可用于解决以上植物分类问题，它通过构建树状图以揭示数据的多粒度分组结构，适用于需要层次化分析的场景。

层次聚类是一种自底向上进行凝聚或自顶向下进行分裂的无监督学习方法，其基本思想是逐步合并或分裂样本以形成树状的层次结构，最终结果可通过“切割树”而选择不同粒度的簇数量，无须预先指定簇的数量。该方法的特点在于树状图可视化，可直观展示样本或簇的合并顺序与距离，也支持从粗粒度到细粒度的灵活分析。层次聚类流程如图 2.8 所示。

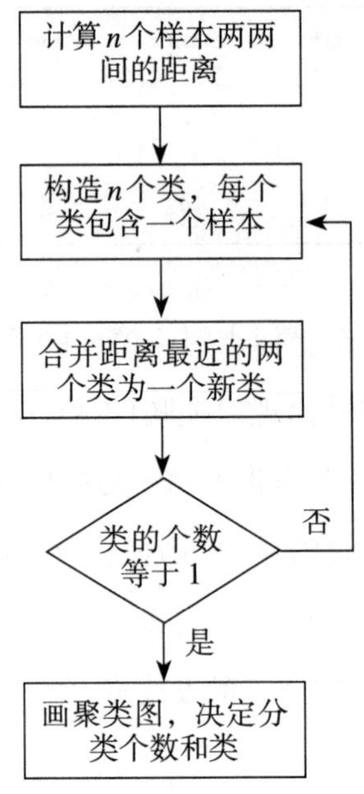

图 2.8　层次聚类流程

例 2.10　表 2.7 给出*A*、*B*、*C*、*D*四种动物的体重和寿命数据，对其进行层次聚类。

表 2.7　动物体重和寿命

动物	体重（公斤）	寿命（年）
A	10	5
B	15	6
C	30	12
D	35	14

首先，分别将每个动物初始化为一组。通过计算数据之间的距离，发现*C*与*D*特征最接近，率先合并为长寿动物组。其次，在剩余动物中，*A*与*B*特征相似度最

高，故将其合并为短寿动物组，此时形成两个初级生物群。最后，因为两组间存在显著特征差异，所以在更大差异阈值下将两个组合并为总集群，完成从微观到宏观的层级分类。聚类过程的树状图如图 2.9 所示。

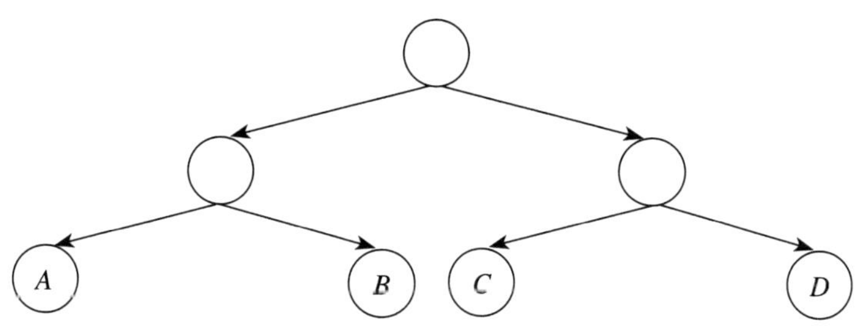

图 2.9 层次聚类树状图

思考题

1. 简述机器学习中损失函数的概念，给出至少两个损失函数的例子并说明其含义。

2. 结合实际应用场景，简述深度优先搜索适合解决的问题的类型。

3. 简述二分搜索方法的前提条件，给出使用二分搜索方法在数据集{-1, 0, 3, 5, 9, 12}中查找目标值 9 的过程。

4. 简述K-最近邻分类中可用于选择合适K值的方法，以及K值过小可能导致的问题。

5. 简述决策树分类方法中评估特征有效性的方法。使用决策树模型进行医疗诊断（如判断是否患糖尿病），简述如何选择血糖、体重、年龄等特征的思路。

6. 结合实际应用场景简述逻辑回归适合二分类问题的原因。

7. 结合实际应用场景简述决策树回归与线性回归的主要区别。

8. 简述分类、回归和聚类的目标之间的区别。

9. 使用K-均值方法对数据集{(1, 1), (1, 2), (2, 2), (5, 5), (6, 5), (6, 6)}进行聚类分析，初始聚类中心为(1, 1)和(5, 5)，给出执行第一轮划分的结果（数据划分到簇并更新簇中心）。

10. 简述K-均值聚类方法中确定最佳簇数量K的方法。

11. 简述K-均值聚类方法中初始簇中心选择对聚类结果的影响。

12. 简述DBSCAN相较于K-均值聚类方法的主要优势，以及DBSCAN方法的适用场景。

3 深度学习

深度学习（Deep Learning）是人工智能领域中的一种机器学习方法。它通过模拟人脑的神经网络结构，利用多层人工神经网络模型自动地从数据中提取复杂特征、学习数据的内在规律，不需要手动进行特征工程，就能处理更为复杂的问题。经典的深度学习技术包括用于图像特征提取的卷积神经网络（Convolutional Neural Network, CNN）、用于序列特征提取的循环神经网络（Recurrent Neural Network, RNN），以及用于图数据分析的图神经网络（Graph Neural Network, GNN）。这些深度学习技术在计算机视觉、自然语言处理、时序数据分析等领域取得了重大突破，成为当前人工智能技术发展的核心驱动力。本章介绍人工神经网络的基本原理、深度学习概念以及经典的深度神经网络模型。

3.1 人工神经网络基本原理

人工神经网络（Artificial Neural Network），通常简称为神经网络，是指从信息处理角度对人脑神经元网络进行抽象而构建人工神经元，并按一定拓扑结构建立神经元间的连接来模拟人脑神经网络的数学模型。

3.1.1 神经元模型

神经元（Neuron）是神经网络的基本组成单元，负责模拟生物神经元的结构和功能，接收一组输入信号并产生相应的输出。1943 年，心理学家 McCulloch 和数学家Pitts提出了一个被普遍采用的神经元模型——MP神经元模型。该模型接收d个输入信号$x_1, x_2, \ldots, x_d$，对这些信号进行加权求和，再通过一个激活函数的处理产生神经元的输出。图 3.1 给出了一个MP神经元模型的示例。

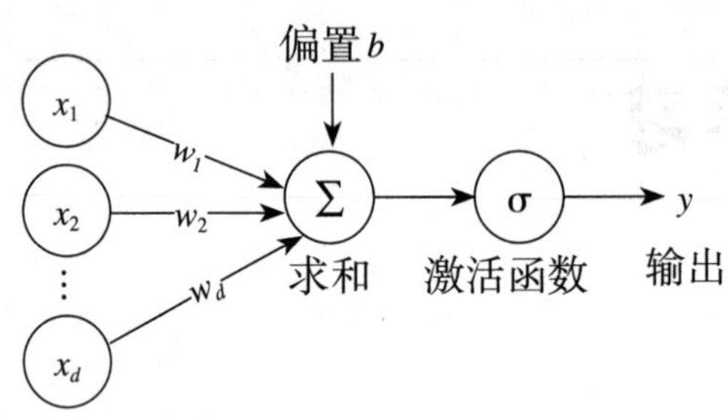

图 3.1　MP神经元模型

将输入信号表示为向量$\mathbf{x} = [x_1; x_2; \ldots; x_d]$，MP神经元模型可以表示为：

$$y=\sigma\left(\sum_{i=1}^{d} w_i x_i+b\right)=\sigma(\mathbf{w}^T\mathbf{x}+b) \tag{3.1}$$

其中，$\mathbf{w}=[w_1; w_2; \ldots; w_d]$为权重参数的向量，$b$为偏置，激活函数$\sigma$是一个非线性函数。MP神经元模型中，激活函数为如图 3.2 所示的阶跃函数，将输入值映射为输出值 1 或 0，分别对应神经元兴奋或抑制的状态，从而实现对生物神经网络的模拟。

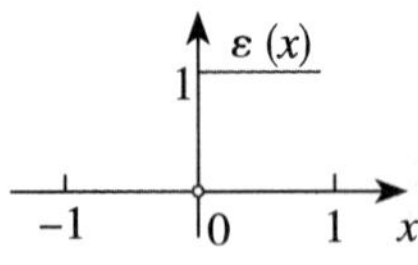

图 3.2　阶跃函数

然而，生物神经网络的实际运作方式要比这种加权求和的方式复杂得多。一种对MP神经元模型的理解，是把模型看作一个由输入和输出构成的复杂函数$y=f(x_1, x_2, \ldots, x_d)$，那么MP模型为复杂函数$f$的一阶泰勒近似。尽管单个神经元模型难以模拟真正的生物神经元，但把许多个这样的神经元模型按一定的层次结构连接起来，就能构成功能强大的神经网络，进而处理更为复杂的任务。

3.1.2 感知机

感知机（Perceptron）是计算机科学家Roseblatt于1957年提出的一个基于神经元模型的人工神经网络，其输入为向量$\mathbf{x}$、输出为$\mathbf{x}$的类型，取+1和−1两个值，是一个被广泛使用的二分类模型，定义为以下函数：

$$y = f(\mathbf{x}) = \text{sign}(\mathbf{w}^T\mathbf{x} + b) \tag{3.2}$$

其中，$\mathbf{w}$和b为感知机模型参数，sign是符号函数，定义如下：

$$\text{sign}(x) = \begin{cases} +1, & x \geqslant 0 \\ -1, & x < 0 \end{cases}$$

给定一个包含n个样本的训练数据集$D = \{(\mathbf{x}_1, y_1), (\mathbf{x}_2, y_2), \ldots, (\mathbf{x}_n, y_n)\}$，可以通过机器学习方法从$D$中自动找到参数$\mathbf{w}$和$b$，即一个分离超平面$\mathbf{w}^T\mathbf{x} + b$，使得对于所有$y_i$=+1的正样本$\mathbf{x}_i$，有$\mathbf{w}^T\mathbf{x}_i + b > 0$，对于所有$y_i$=−1的负样本$\mathbf{x}_i$，有$\mathbf{w}^T\mathbf{x}_i + b < 0$。这种从训练数据中寻找模型参数的方法也被称为模型训练方法。感知机的训练通过求解以下优化问题实现：

$$\min_{\mathbf{w}, b} L(\mathbf{w}, b) = -\sum_{x_i \in \mathbf{M}} y_i(\mathbf{w}^T\mathbf{x}_i + b) \tag{3.3}$$

其中，L为训练模型的损失函数，其值越小，表明模型误分类的样本越少；$\mathbf{M}$为误分类的样本集合。

在实际应用中，通常使用梯度下降法求解式3.3。首先，随机选取参数$\mathbf{w}$和b的初始值，然后使用梯度下降法不断地极小化式3.3。极小化过程不是一次使用$\mathbf{M}$中所有样本，而是每次随机选取一个样本更新参数。当一个样本被误分类，即$y_i(\mathbf{w}^T\mathbf{x}_i+b) \leqslant 0$时，结合学习率$\eta$调整$\mathbf{w}$和$b$的值，使该样本向正确方向移动，减小损失函数$L(\mathbf{w}, b)$的值，直至所有样本被正确分类。感知机训练流程如图3.3所示。

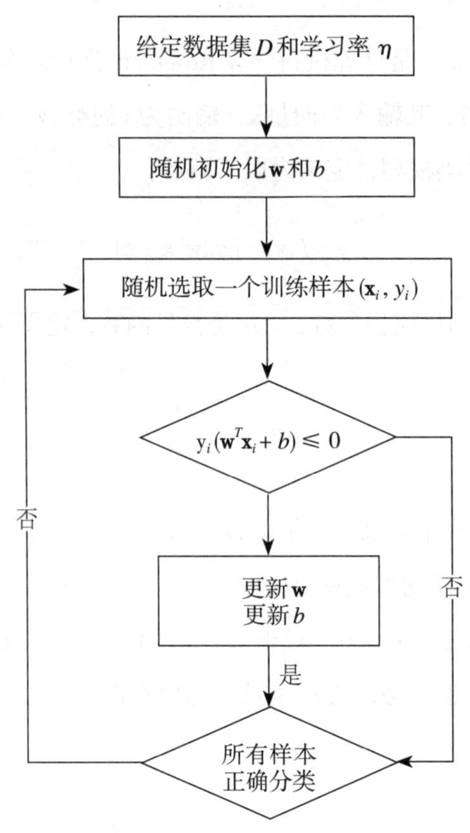

图 3.3　感知机训练流程图

感知机的主要贡献在于为机器学习任务提供了一个通用的框架：给定训练数据集 $D=\{(\mathbf{x}_1, y_1), \ldots, (\mathbf{x}_n, y_n)\}$，寻找一个函数 $y=f(\mathbf{x}, \theta)$，当给定一个新的样本 $\mathbf{x}'$ 时，可使用 f 预测出 $\mathbf{x}'$ 对应的 y'，其中 θ 是机器学习过程中需求解的模型参数。以感知机为例，待求解参数 $\theta=(\mathbf{w}, b)$。以上学习框架适用于绝大多数的机器学习问题，包括分类、聚类、特征提取、图像分类、目标检测、图像分割等。感知机的另一个贡献在于，训练方法每次更新参数时只选择一个训练样本进行乘法和加法运算，不需使用所有训练数据，占用的计算资源也很少，非常适用于当前大数据环境下的机器学习任务，为处理大规模数据上的机器学习任务提供了理论支撑。

3.1.3 多层神经网络

（1）多层神经网络概念

感知机仅包含单个神经元模型，只能处理简单的分类问题。将多个神经元模型按一定层次结构组合在一起，构成一个功能更强大的神经网络，就能处理更复杂的问题。图 3.4 给出一个常见的多层神经网络结构，由一个输入层、一个隐藏层、一个输出层构成。每层包含多个神经元，与下一层的神经元完全连接。同层的神经元间不存在连接，且没有跨层的连接。这样的神经网络被称为多层前馈神经网络（Multi-layer Feedforward Neural Network），其输入层接收输入数据，经过隐藏层及输出层对数据进行处理，最终由输出层将处理结果输出。一般情况下，输入层仅接受输入数据，不对输入数据进行加工，只有隐藏层和输出层才对数据进行处理。多层神经网络的训练与感知机类似，同样是利用训练数据来寻找连接所有神经元的权重及偏置，进而得到一个功能强大的模型。

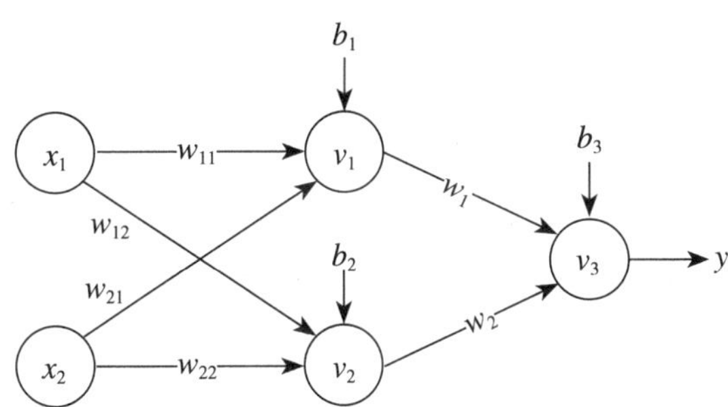

图 3.4 多层前馈神经网络示例

图 3.4 中神经网络各层间的关系可表示为：

$$v_1 = \sigma(w_{11}x_1 + w_{21}x_2 + b_1)$$

$$v_2 = \sigma(w_{12}x_1 + w_{22}x_2 + b_2)$$

$$v_3 = \sigma(w_1v_1 + w_2v_2 + b_3)$$

神经网络的输出值 $y = v_3$。训练这样的神经网络，就是要确定参数 $\mathbf{w} = [w_{11}; w_{12}; w_{21}; w_{22}; w_1; w_2]$ 及参数 $\mathbf{b} = [b_1; b_2; b_3]$ 的取值。多层神经网络拥有强大的表示能力。可

以证明，当激活函数为阶跃函数时，只需一个包含足够多神经元的隐藏层，多层神经网络就能以任意精度逼近任意复杂的连续函数。

（2）多层神经网络训练

多层神经网络模型远比感知机复杂，无法确定其模拟的复杂函数的具体形式，因此不能直接利用感知机的训练方法来训练多层神经网络，需要更强大的学习方法。目前的神经网络训练方法，一般包含两个步骤：首先，人工设计神经网络的结构，即网络包含多少层、每层有多少个神经元；然后，将训练数据输入到这个网络中并计算出网络的参数。

神经网络结构的设计具有很大的难度，迄今没有完美的解决办法，通常只能依靠经验进行设计。设计网络结构时，如下两个准则可供参考：一个准则是，如果问题简单，那么网络结构也应该简单，即层数少或每层的神经元少；如果问题复杂，那么网络结构也应该设计得更复杂。另一个准则是，如果训练数据较多，则网络结构可以设计得复杂，从而学习到功能更强大的模型；如果训练数据较少，则网络结构应该设计得简单一些。

在确定神经网络结构之后，就需要求解神经网络中的参数。以图 3.4 中的神经网络为例，给定训练样本（$\mathbf{x}, \mathbf{y}$），输入$\mathbf{x} = [x_1; x_2]$，$\mathbf{y}$为样本标签，设$\mathbf{x}$经过该网络得到的输出为$\hat{\mathbf{y}}$，希望通过调整参数$\mathbf{w}$和$\mathbf{b}$，使网络输出$\hat{\mathbf{y}}$与样本标签$\mathbf{y}$尽可能接近，也就是网络输出与真实标签间的均方误差尽可能小，即：

$$\min E(\mathbf{y}, \hat{\mathbf{y}}) = \frac{1}{n}\sum_{i=1}^{n}(y_i - \hat{y}_i)^2 \tag{3.4}$$

其中，n为样本数量，$E(\mathbf{y}, \hat{\mathbf{y}})$为损失函数，用于量化模型预测值与真实值之间的差异。

求解参数的常用方法是梯度下降法，首先随机选取$\mathbf{w}$和$\mathbf{b}$的初始值（$w_i \in \mathbf{w}$，$b_i \in \mathbf{b}$），然后迭代求损失函数的极小值，在每次迭代中按以下方式更新所有参数：

$$w_i \leftarrow w_i - \eta \frac{\partial E}{\partial w_i} \tag{3.5}$$

$$b_i \leftarrow b_i - \eta \frac{\partial E}{\partial b_i} \tag{3.6}$$

其中，η（$0<\eta<1$）为学习率，$\frac{\partial E}{\partial w_i}$和$\frac{\partial E}{\partial b_i}$是构成梯度的分量。

通过不断迭代计算，最终可得到模型参数**w**和**b**。然而，直接计算梯度是非常耗费资源的，通常根据神经网络的结构来简化梯度的计算，称为反向传播（Back Propagation, BP）方法。在实际应用中，还需进行几项改进，才能顺利地训练出神经网络模型。

1）针对激活函数的改进

由于阶跃函数在0点处不可导，需将激活函数替换为其他连续可导的函数，目前常用的激活函数有如下的Sigmoid函数和ReLU函数：

$$\text{Sigmoid}(x)=\frac{1}{1-e^{-x}} \tag{3.7}$$

$$\text{ReLU}(x)=\max\{0, x\} \tag{3.8}$$

2）针对输出层及损失函数的改进

假设神经网络最后一层输出的是k维向量$\mathbf{z}=[z_1;\ldots;z_k]$，则将向量$\mathbf{z}$经过一个如下的Softmax层处理得到最终的输出$\hat{\mathbf{y}}=[\hat{y}_1;\ldots;\hat{y}_k]$：

$$\hat{y}_i=\frac{e^{z_i}}{\sum_{j=1}^{k}e^{z_j}}, i=1, 2, \ldots, k \tag{3.9}$$

从而可容易地得出$\sum_{j=1}^{k}\hat{y}_i=1$，然后将损失函数改为如下交叉熵（Cross-entropy）函数：

$$E(\mathbf{y}, \hat{\mathbf{y}})=-\sum_{j=1}^{k}y_i\log(\hat{y}_i) \tag{3.10}$$

其中，$\mathbf{y}=[y_1;\ldots;y_k]$为样本标签向量。

交叉熵函数反映了$\mathbf{y}$与$\hat{\mathbf{y}}$间的相似程度，具有以下两个性质：$E(\mathbf{y}, \hat{\mathbf{y}})\geqslant 0$；当且仅当$\mathbf{y}=\hat{\mathbf{y}}$时，$E(\mathbf{y}, \hat{\mathbf{y}})$取最小值。因此，同样可使用梯度下降进行求解。对于很多机器学习问题，尤其是分类问题，使用Softmax输出和交叉熵损失函数往往能训练出性能更好的神经网络模型，进而实现更为准确的预测。

3）使用随机梯度下降法训练模型

在反向传播方法中，每输入一个训练样本都会进行一次参数更新，这种方式的缺点在于单个训练样本包含的噪声会传导到所有参数，且每个样本都更新全部参数，效率也较低。为了解决以上问题，实际应用中往往使用随机梯度下降

（Stochastic Gradient Descent，SGD）训练模型，主要步骤如下：

① 输入一批样本（称为一个Batch），计算这批样本的梯度平均值，再利用该平均值来更新参数。

② 将训练数据按Batch Size （通常为几十至几百）划分为多个不同的Batch，再基于这些Batch训练神经网络。按Batch遍历所有训练样本一次，称为一次Epoch训练。例如，若训练样本数量为1000，Batch Size为100，则所有训练数据会被划分为10个不同的Batch，即一个Epoch会使用这10个Batch进行训练。

③ 模型训练需要多个Epoch，且对于每个Epoch都需随机划分训练样本，以保证Batch不重复。使用随机梯度下降的优势在于，每次更新参数只涉及一个Batch的训练数据，与整个训练数据的大小无关，这为基于大规模数据训练神经网络提供了支持，还能减少单个样本受到的噪声的不良影响，进而获得性能更好的模型。

3.2 深度学习基本概念

在20世纪80年代，随着误差反向传播方法的提出，多层神经网络的相关理论已趋于完善。然而，多层神经网络还存在许多不足之处。例如，使用梯度下降法只能获取局部最优值，而非全局最优；网络参数与实际任务的关联模糊，模型可解释性差；模型需调整的参数太多，包括网络结构、激活函数、学习率、损失函数等，训练模型的工作量太大；训练复杂的神经网络需大量的训练数据；由几百或上千个神经元组成的神经网络模型，在性能上远远不如包含约800亿个神经元的人脑。由于以上原因，多层神经网络的研究并未成为当时机器学习的主流，并在90年代陷入了低谷，甚至不如后来的支持向量机等模型。

到21世纪初，随着大规模硬件加速设备的出现（如GPU），计算能力得到了显著提升。同时，大容量存储设备快速普及，海量数据采集和存储技术迅速发展，为训练大规模神经网络提供了充足的训练数据和计算资源。2006年，Hinton （反向传播方法的提出者之一、2018年图灵奖得主）在《科学》杂志（*Science*）上发表了关于“深度信念网络（Deep Belief Network）”的论文，通过“预训练+微调”的方式成功地训练出超过7层的神经网络，缓解了多层神经网络存在的问题，并把这类多层神经网络的训练方法称为深度学习。之后，深度学习逐渐成为机器学习领域的主流技术，受到学界和业界越来越多的研究人员关注。

随后几年，深度学习在多个领域都取得了突破性进展。2009 年，微软的研究人员将深度神经网络引入语音识别系统，大幅提升了连续词汇的语音识别率，彻底代替了统治这一领域 20 多年的隐马尔可夫模型及高斯混合模型。2013 年，Hinton 的学生使用一个包含 65 万个神经元的深度神经网络 AlexNet 在图像识别比赛 ImageNet 上夺得冠军，且错误率远远小于第 2 和第 3 名——谷歌（Google）及 Facebook 提出的模型。2016 年，由谷歌开发的基于深度学习的 AlphaGo 打败了围棋世界冠军李世石。目前，深度学习中的 Transformer 模型已经成为自然语言处理、计算机视觉、图数据分析等领域最优秀的方法之一，将深度神经网络的研究与应用推向高潮。

深度学习的关键在于构建具有一定“深度”的神经网络模型（层数多，每层的神经元也多），并通过训练方法让模型自动获得较好的特征表示，从而提升模型的预测准确率。一种对深度学习的理解，是将深度神经网络的多层结构看作对输入数据的逐层加工，从而把初始与预测目标之间联系不够紧密的输入表示转化为与预测目标联系更为紧密的表示，为后续任务提供更为有效的特征。在传统的机器学习任务中，通常需要耗费大量人力来设计特征，称为“特征工程”。而采用深度学习技术，则可利用机器学习方法从数据中自动产生较好的特征，进而处理各类复杂的机器学习任务。本章后续内容将介绍几类常用的深度神经网络模型，包括卷积神经网络、循环神经网络，以及图神经网络。

3.3 经典深度神经网络模型

3.3.1 卷积神经网络

卷积神经网络是一种具有局部连接、参数共享等特点的多层前馈神经网络，由纽约大学的 Yann LeCun（2018 年图灵奖得主）于 20 世纪 80 年代提出，主要用于处理图像数据。使用全连接神经网络处理图像数据时，存在以下两个问题：

● *参数太多*：输入大小为 100×100（即高为 100 像素，宽为 100 像素）的图像，使用与图 3.4 相同的三层全连接神经网络进行处理。假设隐藏层包含 1000

个神经元，那么输入层的每个神经元都与隐藏层的所有神经元相连接，共需要 $100\times100\times1000=10^7$ 个参数。如果层数变深，参数的规模还会急剧增加，导致整个神经网络的训练非常困难。

● *局部不变性*：图像中的物体具有局部不变性特征，如图像中包含一只小猫，那么移动小猫的位置，或缩放、旋转小猫等操作不会影响猫的识别。全连接神经网络很难提取这些局部不变性特征。

卷积神经网络通过模仿人类视觉系统的工作原理，有效解决了以上问题。目前的卷积神经网络一般由卷积层（Convolutional Layer）、池化层（Pooling Layer）、全连接层（Fully Connected Layer）交叉堆叠而成，其层级网络结构如图 3.5 所示。

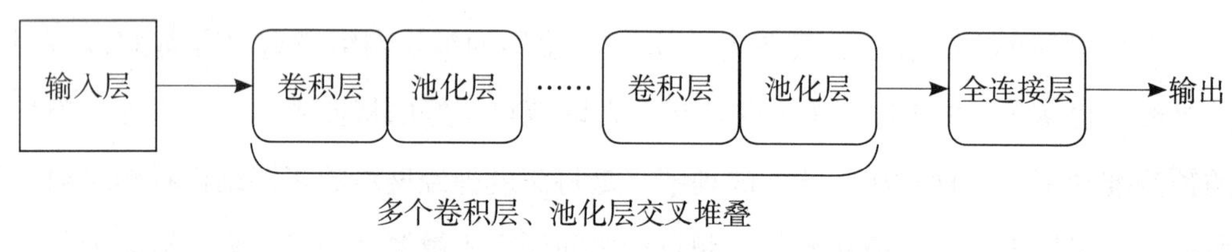

图 3.5　卷积神经网络的层级网络结构

①**卷积层**：卷积神经网络的核心组成部分，负责从输入数据中提取局部特征。它通过一组可学习的卷积核在输入数据上滑动，进行卷积运算，从而生成特征图（Feature Map）。每个卷积核的作用是检测输入数据中的特定模式，如识别图像中的某只小猫，那么通过在图像上滑动该卷积核就能检测任意位置出现的小猫。卷积操作具有参数共享的特性，即同一个卷积核在整个输入数据上重复使用，这不仅减少了模型的参数数量，还使得对平移、缩放等变换具有一定的鲁棒性。通过堆叠多个卷积层，卷积神经网络能够逐层提取从低级到高级的特征，如从简单的边缘检测到复杂的物体形状识别，从而为后续的任务提供有效的特征。

②**池化层**：主要用于降维和减少计算开销，通过对卷积层生成的特征图进行局部区域的汇总操作，以降低特征图的大小。常见的池化方法包括最大池化（Max Pooling）和平均池化（Average Pooling），最大池化选取局部区域中的最大值作为输出，而平均池化则计算该区域的平均值。池化操作不仅减少了数据规模、提高了神

经网络的效率，还能够保留关键特征。例如，对包含猫的图像进行池化，相对于该图像进行了压缩，虽然规模减小，但仍能识别是猫的图像。

③**全连接层**：通常位于卷积神经网络的末端，接收来自前面卷积层和池化层提取到的高级特征，并将这些特征整合起来进行分类或回归任务。在全连接层中，每个神经元都与上一层的所有神经元相连，形成一个密集的连接结构。这种设计使得全连接层能够对全局特征进行建模，从而捕捉输入数据的整体信息。然而，由于全连接层的参数数量较多，它也容易导致过拟合，因此常结合正则化技术（如 Dropout 或 L2 正则化）来提升模型的性能。

卷积神经网络的训练方式与多层前馈神经网络相似，包括两个阶段：第一个阶段是输入数据由浅层向深层传播的阶段，即前向传播阶段；第二个阶段是前向传播得出的结果与预期不相符时将误差从深层向浅层进行传播训练的阶段，即反向传播阶段。整体训练流程如图 3.6 所示。

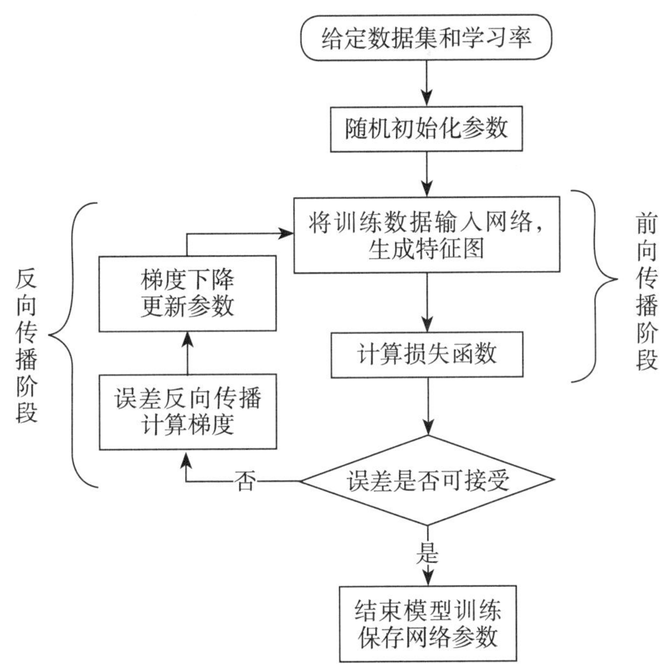

图 3.6 卷积神经网络的训练流程

在前向传播阶段，输入数据依次经过卷积层、池化层和全连接层，最终生成预测输出；随后，通过损失函数（如交叉熵损失或均方误差）计算预测值与真实标签之间的差异。在反向传播阶段，利用误差反向传播方法计算各参数的梯度，然后使用梯度下降法更新网络中每一层的参数，以逐步减小预测误差。通过不断迭代前向传播和反向传播的过程，卷积神经网络逐渐学会从数据中提取特征并完成目标任务。在实际使用过程中，将待处理的数据输入训练完成的卷积网络模型中进行一次前向传播，得到的输出即为预测结果。

3.3.2 循环神经网络

循环神经网络是一类具有短期记忆能力的神经网络，是专门为处理序列数据而设计的。在前馈神经网络中，信息的传递是单向的，这种限制虽然使得模型更容易训练，但也在一定程度上减弱了模型的能力。前馈神经网络的每个输入都是独立的，即网络的输出只依赖于当前的输入，导致前馈神经网络难以处理序列数据。然而，序列数据是普遍存在的，如天气预报中的温度、湿度，自然语言处理中的文本数据，图像处理中的视频数据等。与前馈神经网络不同，循环神经网络不但可以接收前一层神经元的信息，也可以接收自身上一个时刻输出的信息，形成具有环路的网络结构。图 3.7 给出循环神经网络的示例。

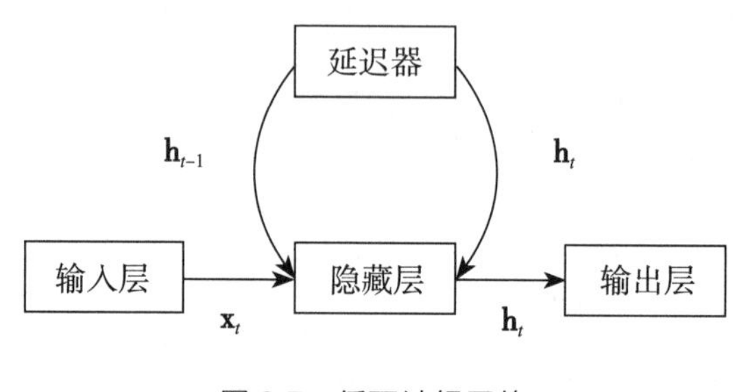

图 3.7 循环神经网络

输入一个包含 t 个时间片的序列 $\mathbf{x} = (\mathbf{x}_1, \mathbf{x}_2, \dots, \mathbf{x}_t)$，循环神经网络通过式 3.11 更新隐藏层的输出 $\mathbf{h}_t$：

$$\mathbf{h}_t \leftarrow f(\mathbf{h}_{t-1}, \mathbf{x}_t) \tag{3.11}$$

其中，隐藏层初始值 $\mathbf{h}_0 = 0$，$f(\cdot)$ 为一个可由前馈神经网络表示的非线性函数，延时器为一个虚拟单元，记录神经元在上个时刻的输出。在循环神经网络中，隐藏层不仅接收当前时刻的输入，还接收上一时刻隐藏层的输出，这样就能捕捉到序列数据中的时间动态性。

循环神经网络的训练主要依赖于一种称为“通过时间的反向传播”(Backpropagation Through Time, BPTT)的技术，将传统的误差反向传播扩展到序列数据。在训练过程中，首先进行前向传播，输入序列数据逐个时间步地通过网络，每一步不仅考虑当前输入，还结合了前一时间片的隐藏状态，从而生成每个时间片的输出和最终的预测结果。然后计算损失函数，通常采用交叉熵损失或均方误差等方法，以衡量网络预测值与真实标签之间的差异。在反向传播阶段，使用BPTT沿着时间维度反向遍历整个序列，计算损失函数相对于每个时间片参数的梯度，并根据这些梯度更新网络权重。需要注意的是，标准的循环神经网络在处理长序列时，使用的BPTT会导致梯度消失或梯度爆炸的问题。为了解决该问题，人们改进了循环神经网络的结构，提出了如长短期记忆网络（Long Short-Term Memory, LSTM）和门控循环单元（Gated Recurrent Unit, GRU），它们通过引入门机制来控制信息的流动，进而有效地捕捉序列中的长期依赖关系。

3.3.3 图神经网络

图神经网络是一种专门设计用于处理图数据的深度神经网络模型。图（Graph）是一种由节点及节点之间的边构成的数据结构，节点用于表示所要研究的对象，而边表示这些对象间的关联关系。以社交网络为例，如果用节点表示网络用户，边表示用户间的关注关系，则所构成的图就反映了该社交网络用户间的好友关系。除了社交网络，图也被广泛用于表示蛋白质分子间的依赖关系、用户与物品的购买关系、学术论文之间的引用关系等。前面介绍的图像数据、序列数据属于欧氏数据结构，其中每个数据元素都有固定的排列规则和顺序。然而，图中节点的邻居数量和排列顺序并不固定，图属于非欧氏数据结构。传统的卷积神经网络或循环神经网络只能处理欧氏结构数据，难以直接应用于图数据分析。为了解决以上问题，人们借鉴卷积神经网络的思想，尝试在图上定义卷积操作，提出了图卷积神经网络（Graph Convolutional Network, GCN），并将其广泛应用到各类图数据处理任务中。

GCN能够直接在图上进行卷积操作，从而有效地学习节点特征。它通过聚合节点自身的特征和其邻居节点的特征来更新每个节点的特征表示。这个过程与传统卷积神经网络的卷积操作类似，但在图数据上，卷积作用在节点的邻居上，而不是传统卷积核覆盖的区域。具体而言，GCN的每一层都会对图中每个节点执行以下操作：

- 特征变换：对输入特征进行线性变换，以改变特征维度或引入新的特征组合。
- 邻域聚合：对于每个节点，GCN会聚合该节点自身及其邻居节点的特征。这一步可通过简单的均值、加权求和或其他更复杂的聚合函数来实现。
- 激活函数：使用非线性激活函数（如ReLU）来增加模型的表达能力。

通过堆叠多层GCN，可以逐步扩展卷积的作用范围，使得每个节点都能接收到距离自己较远的节点的信息，为后续任务生成更为有效的节点特征。

GCN的训练方式与前面介绍的神经网络模型类似，同样使用误差反向传播及梯度下降技术来更新参数。二者的主要区别在于，在前向传播阶段，输入图的节点特征矩阵和邻接矩阵，GCN通过图上的卷积操作生成每个节点的特征表示。总的来说，GCN的训练方法结合了图数据的特性与传统神经网络训练的技术，使模型能够从图数据中学习到有用的特征表示，从而在各类图相关的任务上取得良好的性能。

思考题

1. 简述MP神经元模型与人脑神经元的区别。
2. 感知机作为经典的二分类模型，与其他分类模型（如支持向量机、决策树等）相比有什么优势和不足？
3. 以感知机的训练流程为基础，总结机器学习领域中模型训练的通用框架。
4. 以式3.4中的均方误差为损失函数，求解图3.4所示神经网络中的参数梯度。
5. 分析Sigmoid与ReLU两类激活函数的区别。
6. 简述实际应用中往往使用随机梯度下降训练模型的原因。
7. 简述使用深层神经网络时设计其网络结构的方法。
8. 简述卷积神经网络模型如何改善前馈神经网络参数太多的问题。
9. 结合实际案例简述循环神经网络模型是否可以改进为接收下一时刻输出的信息。
10. 分析图神经网络与卷积神经网络模型中卷积操作的区别。

4 大模型

大语言模型（Large Language Model, LLM）简称大模型，是一种基于深度学习技术构建的、具有庞大参数规模的自然语言处理模型，是近年来人工智能领域的重要突破。大模型不仅推动了自然语言处理技术的进步，改变了人机交互的方式，还在教育、科研、医疗、金融、气象等多个行业中发挥了重要作用。本章首先回顾大模型的发展历程，然后介绍大模型训练和推理的基本原理与使用方式，再介绍大模型提示工程的基本思想和技术体系，最后介绍检索增强生成及智能体两类大模型应用。

4.1 大模型概述

4.1.1 发展历程

大模型是基于超大规模神经网络的语言模型，使用自监督学习的方式在大量未标注的文本上进行训练，具备通过自然语言与人类进行交互的能力，在处理复杂的任务时表现出强大的能力。大模型的发展并非一蹴而就，而是经历了多个具有里程碑意义的阶段：

①**早期探索（20 世纪 80 年代至 2000 年初）**：这一时期，人工神经网络的概念开始形成，但受限于当时的计算资源和能够使用的训练数据，模型规模较小。尽管如此，一些基础理论如反向传播方法被提出，为后来的发展奠定了理论基础。

②**深度学习的兴起（2006 年起）**：由 Hinton 等人提出的深度信念网络标志着

深度学习的兴起。随着计算能力的提升，尤其是GPU的普及，层次更深、规模更大的神经网络变得可行。卷积神经网络在图像识别领域取得突破性进展（如AlexNet在2012年ImageNet竞赛中的胜利），展示了大模型在特定任务上的巨大潜力。

③迈向更大规模（2015年后）：随着数据集的增长和深度学习技术的进步，模型的规模迅速扩大。例如，谷歌的Inception系列、ResNet、Transformer架构的提出，使得模型能够达到数百层深，拥有数百万乃至上亿个参数。这些模型不仅在图像分类、目标检测等视觉任务中取得了前所未有的成果，也在自然语言处理领域引发了变革。

④超大规模模型的时代（2018年至今）：近年来，超大规模的语言模型（如BERT、GPT系列及其后续版本）不断刷新纪录，参数量从数十亿到数千亿不等。这些模型通过自监督学习的方式，在海量文本数据的基础上进行预训练，然后在特定任务上微调，极大地提升了各种自然语言处理任务的表现。此外，跨模态模型也开始出现，尝试将文本、图像甚至视频信息整合在一起，以形成更加通用的人工智能能力。

大模型的发展历程反映了技术进步与需求增长之间的互动关系，从最初的理论探索到如今超大规模模型的广泛应用，每一阶段都是对前一阶段的继承与发展，推动了人工智能领域的持续进步。

4.1.2 大模型基本原理

大模型的使用涉及训练及推理两个阶段：

(1) 大模型训练

训练大模型的关键在于如何有效地利用大规模数据集和计算资源来学习复杂的模型，通常包含预训练、微调和提示学习等步骤。

预训练是指在大规模未标注的数据集上训练模型，目的是让模型从数据中提取有用的特征表示。预训练一般利用自监督学习或无监督学习技术，在无标注的数据上学习模型。在自然语言处理领域，常用的预训练方法是基于Transformer架构的模型，如BERT、GPT系列等，通过掩码语言建模（预测遮蔽词）或自回归生成（预测下一个词）等方式进行训练。

例4.1 掩码语言建模示例：给定一个句子“我喜欢吃苹果”，可以将“苹果”

替换为一个特殊的掩码符号"[MASK]"，训练的任务目标就是让模型预测[MASK]位置最有可能出现的词。如果模型输出为"苹果"，那么表示模型参数正确，不需要更新参数。如果模型输出为"蛋糕"，那么表示模型参数不正确，需要根据损失函数计算误差并更新模型参数。

例 4.2 自回归生成示例：给定一个句子"今天天气很好，我们决定去公园野餐"，可以将该句子的前面一部分"今天天气很好，我们决定去"输入到模型中，再让模型逐步预测下一个词，直到生成整个句子。例如，首先生成"今天天气很好，我们决定去**公园**"，然后生成"今天天气很好，我们决定去公园**野餐**"。如果模型不能正确生成完整的句子，则根据损失函数计算误差并更新模型参数，直至模型预测正确。

在计算机视觉领域，类似的方法包括使用大量图像进行自动编码器训练或对比学习。预训练的优势在于能够在无标注数据的情况下捕捉输入数据更为广泛的信息，从而为下游任务提供强大的特征提取能力，但它需要庞大的计算资源以及大规模的训练数据。

微调是将预训练好的模型应用到特定的任务上，并在其基础上进行进一步的训练以适应具体的任务需求。与无监督的预训练不同，微调通常是在相对较小但与任务相关的标注数据集上进行的。通过对大模型神经网络的最后一层或多层进行调整，同时保持底层网络参数不变或仅进行细微调整，使模型快速适应新的任务，而不需要从头开始训练。此外，根据任务的不同（如分类、回归等），需要在预训练模型的基础上添加适当的输出层。同时，采用较低的学习率，尽可能保留预训练模型已经学到的知识，只需要对其进行轻微调整以适应新任务。与从零开始训练相比，微调不仅节省了大量的时间和计算资源，而且往往能取得更好的性能，因为它利用了预训练模型学到的丰富特征表示。

提示学习（Prompt Learning）是一种针对大模型的新兴应用方法，通过设计特定的文本提示来引导模型完成各种任务，而无须进行传统的微调。这种方法将任务转化为填空题形式，利用预训练模型的知识直接解决问题，极大地减少了对大量标注数据的依赖，并提高了模型的灵活性和适应性。提示学习的优势包括简化模型部署流程、减少数据需求以及通过简单的提示调整快速适应新任务。提示学习有多种实现方式，可以手动设计提示，也可以利用人工智能方法自动搜索最优提示。提示学习提供了一种在不修改预训练模型结构和参数的条件下，高效地根据提示信息来调整模型输出的方法，使得大模型的应用更为便捷。

预训练、微调和提示学习技术的结合极大地提高了大模型在各种任务上的表现，尤其是在数据量有限的情况下尤为有效。这种策略允许模型先在一个广泛的领域内获取知识，然后迅速且高效地迁移到特定的应用场景中。

（2）大模型推理

大模型推理指的是利用已经训练好的模型对新数据进行预测或决策的过程。与训练过程相比，推理过程侧重于如何高效、准确地应用模型来处理实际问题。大模型推理的基本原理包括：

● 前向传播：推理过程中，输入数据通过网络的每一层进行卷积操作、全连接层中的矩阵乘法等线性变换以及非线性激活函数的计算，实现前向传播，直到输出层生成最终预测结果。

● 特征提取与转换：大模型的关键在于提取输入数据的有效特征。模型通过多层神经网络逐步转换输入数据的特征表示，尤其是那些基于Transformer架构的模型，这种特征提取和转换能力尤为强大，能够捕捉到数据中蕴含的复杂模式和关系。

● 输出解释：推理的最后一步是对输出进行解释。例如，在分类任务中，模型可能输出每个类别的概率分布；在回归任务中，则直接输出预测的连续值。根据应用场景的不同，可能还需要对输出结果进行进一步处理或转换。

为了提高大模型推理的效率和性能，通常还会采用以下几种优化策略：

● 量化和混合精度：将模型参数和计算结果从浮点数转换为低精度格式（如INT8），或结合使用半精度浮点数（如FP16）和单精度浮点数（FP32），以减少内存占用并加速计算。虽然这可能会导致一定程度的精度损失，但通过适当的调整仍可以保持较高的准确性。

● 剪枝：去除模型中不重要的参数或神经元，减少模型大小和计算复杂度。经过剪枝后的模型可以在不影响太多性能的前提下显著加快推理速度。

● 知识蒸馏：使用一个较大的“教师”模型来指导较小的“学生”模型的学习过程，使得学生模型能够在保持较高性能的同时大幅降低存储和计算资源需求。

● 分布式推理：对于特别大的模型，单个设备可能无法容纳整个模型。这时可以采用分布式推理技术，将模型分割并在多个设备上并行执行，以提高处理速度。

通过上述方法和技术，可以在保证推理准确性的前提下，大幅提升大模型的推理速度，使其更适用于实时应用和边缘计算等场景。此外，随着硬件技术的发展，如专用AI芯片（TPU、NPU等）的应用也为大模型推理提供了更强的支持。

4.1.3 大模型的使用

近年来，大模型技术快速发展，各科技公司和研究机构相继推出的具有不同特色的模型已广泛应用于人们生产生活的各个领域。表 4.1 列出了当前广泛使用的一些大模型。

表 4.1 部分大模型

模型名称	研发机构	主要特点	应用场景
ChatGPT-3.5	OpenAI	推理较快，基础对话能力强	问答、写作、辅助编程
ChatGPT-4.0	OpenAI	比 ChatGPT-3.5 更智能，支持更长上下文，推理能力更强	专业问答、代码生成、复杂对话
Gemini	Google DeepMind	多模态支持（文本 + 图片），搜索集成能力强	搜索优化、辅助创作
LLaMA	Meta AI	开源，可商用，多语言支持	企业私有化部署
DeepSeek	杭州深度求索	强调搜索与大模型结合	信息检索、搜索优化
O1-mini	杭州深度求索	开源，适合开发者研究	代码、模型研究
O1-preview	杭州深度求索	预览版，增强推理能力	综合 AI 应用
文心一言	百度	结合中文语境，知识图谱增强	中文对话、搜索优化
通义千问	阿里巴巴	代码能力突出，企业应用支持	智能客服、代码生成
智谱 AI	智谱 AI	开放部署，支持本地推理	自主可控的大模型研究
豆包	字节跳动	轻量级任务，整合社交产品	对话、写作助手
Kimi	北京月之暗面	超长上下文，适合阅读、分析论文	长文处理、知识分析

大模型的使用方式主要包括Web访问、API调用及本地部署等，不同的方式适用于不同的用户需求和应用场景：

● Web访问：最简单且对用户友好的大模型使用方式，适合没有技术背景的普通用户。用户只需通过浏览器访问提供大模型服务的在线平台，即可直接使用其功能，如文本生成、翻译或对话等任务。这种方式无须安装任何软件，所有计算资源由云服务商提供，用户可以专注于任务本身而无须关心硬件配置。然而，Web访问依赖于网络连接，可能会受到网络质量和速度影响，同时需要上传数据到云服务商，可能存在隐私泄露的风险。

● API调用：一种适用于开发者将大模型的功能集成到自己的应用程序中的使用方式。通过云服务商提供的标准化接口，开发者可以通过编程语言发送请求并接收模型的响应，从而实现定制化的功能。这种方式支持多种编程语言，并能无缝嵌入现有的业务逻辑中，广泛应用于智能客服、自动化文档生成等场景。尽管API调用提供了高度的灵活性和自动化能力，但它需要一定的编程技能。同时，可能涉及按使用量计费的成本，并且仍然存在数据传输过程中的隐私问题。

● 本地部署：对于对数据隐私和性能要求较高的场景，可以选择将大模型部署在本地环境中。本地部署允许用户完全掌控模型和数据，所有计算都在本地设备或内部网络中完成，避免了敏感信息的外泄风险，同时也支持离线运行。此外，可以根据硬件配置（如GPU或专用AI芯片）进行优化，以提升推理速度和效率。然而，本地部署对硬件资源要求较高，初始成本和技术复杂性也较大，需要专业团队负责模型的部署与维护，同时手动更新模型版本也可能带来额外的工作量。

4.2 提示工程

4.2.1 提示工程基本思想

提示工程（Prompt Engineering）是提示学习的一个重要部分，是随着大模型的发展而兴起的一个领域，其核心是如何设计有效的提示词，以引导大模型完成特定任务或生成更准确的输出。提示词是对模型的直接指令或问题描述，可以是一个词、一个陈述句或者一个需要填充的句子片段。通过精心设计提示词，用户能够更好地利用大模型的能力解决各类复杂问题，而不需要重新训练或微调大模型。

例 4.3 以情感分析任务为例，给定一段电影影评的文本，利用人工智能技术判断其情感倾向是积极或消极的。传统机器学习方法需要训练一个针对此任务的分类器才能实现情感分类，而提示工程仅需设计以下模板：

“我对这部电影感到非常满意。这篇影评的情感倾向是[MASK]。选项：积极/消极。”

模型可以通过预测掩码[MASK]位置的词语直接输出结果。这种方法本质上是将分类任务转化为预训练阶段熟悉的“完形填空”问题，从而激活大模型已有的语言理解能力。

针对标注数据量少的小样本学习场景，提示工程表现出更强大的潜力：当输入包含任务描述和少量示例，如“将中文翻译成英文：苹果→apple；香蕉→banana；西瓜→______”时，模型无须任何参数更新即可完成翻译任务，甚至能够处理训练数据中未出现过的新问题。这种能力源于大模型在预训练阶段对海量跨语言文本模式的内隐学习，而提示工程的作用正是通过语义设计唤醒这些潜在知识。

提示工程的基本思想是将大模型看作一个强大的助手，那么给这个助手分派任务的时候，就需要考虑这个助手擅长做什么，具体想让它做什么，如何评估它做出来的“成果”的好坏。围绕以上思想，提示词的设计通常涉及以下步骤：

①**编写清晰的指令：**应明确描述自己的需求，提供完成目标任务的具体信息和细分领域知识，即需要模型完成什么，什么是模型已知的和什么是模型未知的。例如，要求大模型简短回复，或按专业领域要求进行回复等。需求表达得越清楚，得到的回复也就越准确。

②**提供参考示例：**提供几个示例展示所期望的输出格式，可以指导模型按照特定的方式回应。这种方法能够有效对抗大模型的“幻觉”问题，即非常自信而肯定地提供虚假答案，进而误导用户。提供有效的参考示例能够缓解以上问题，而且特别适用于需要特定格式输出的任务。

③**分解复杂任务：**人工将复杂任务拆分为更简单的子任务，或者基于先前任务的输出构建后续任务的输入，提升大模型回复的准确性。虽然大模型能够接受的输入长度在不断增加，但拆解复杂任务仍然是获得理想输出所必需的。

④**系统化评估：**提供一套方法来评估提示词的好坏。尽管大模型具有强大的性能，但它的输出结果可能不满足要求。好的提示词应该在多次使用中引导模型输出优质的结果。可以通过与标准答案的对比来评估大模型的输出，以改进提示词、提升大模型性能。

⑤**反复迭代：**正如与人类合作一样，与大模型的“合作”往往也需要对模型输出的结果进行多次修改和完善。对于那些大模型非常熟悉的任务，也就是在预训练阶段使用过的任务，可能只需要少量迭代。但是对于那些大模型未见过的新领域或新任务，就需要对提示词进行更多次的迭代和改进。

4.2.2 提示工程技术体系

提示工程的技术体系以上下文学习为基础，通过任务指令与示例激活模型的零样本与少样本推理能力；以推理增强机制为突破，借助思维链、思维树、自洽性验证等技术解决复杂任务的逻辑连贯性难题；以参数化调控方法为杠杆，通过温度系数、采样策略控制输出质量；最终通过自动化提示工程实现系统级优化。这四个层次的技术相互嵌套，共同构成了从语义激发到计算优化的完整解决方案。

（1）上下文学习

上下文学习通过任务指令与示例的语义化编排来激活大模型的推理能力。与传统依赖标注数据进行模型微调的方法不同，该技术将任务目标直接编码为输入序列中的上下文信息，使模型能够基于其在预训练阶段学习到的知识结构动态生成符合预期的输出。其核心价值在于摆脱对大规模数据标注的依赖，实现零样本（Zero-shot）或少样本（Few-shot）学习，零样本学习与少样本学习构成了上下文学习的两大支柱，前者验证了模型对知识的迁移能力，后者提升了特定任务的推理能力。

零样本学习的核心在于探索大模型的知识边界，仅通过抽象的任务描述激发其潜在能力。当输入数据仅包含目标任务的定义而无具体示例时，模型需通过对指令语义的解析，与其在预训练阶段学习到的知识建立关联。例如，在医疗诊断场景中，输入“根据患者症状判断可能的疾病：头痛、发热、畏光”可驱动模型查询病理学知识库，并输出“脑膜炎”等候选诊断结果。这种能力源于模型在预训练阶段对医学文献、病例报告等内容的学习，但其性能受限于任务描述的清晰度及知识关联强度。此外，零样本学习的有效性依赖于预训练模型对语言模式与领域知识的深度融合。许多大模型的训练数据涵盖了法律条文、科研论文、技术手册等内容，使模型能够通过语义联想建立跨领域的知识关联。例如，输入“将量子纠缠现象用比喻解释”，模型可能生成“量子纠缠如同两枚相隔万里的骰子，始终同步显示相同点数”，这种能力源自预训练阶段对科普文本中类比手法的学习。

少样本学习则通过引入任务示例构建更有效的推理，进而提升模型对特定任务的适应性，其核心在于通过上下文中的模式匹配激活模型的类比推理能力。通常在输入数据中提供3~5个典型示例后，模型能够通过类比学习捕捉输入与输出之间的映射规律。

例 4.4 在金融风控场景中，输入“检测异常交易：

示例1：账户A单日跨境转账5笔 → 高风险；

示例2：账户B每月定期转入固定金额 → 正常；

当前交易：账户C凌晨3点突发大额取现 → ______。”

模型能够识别时间与行为模式的关联特征，并准确标注高风险等级。当输入序列包含多个输入—输出对时，模型会构建隐式的映射规则库，并在新任务中检索相似模式。

例 4.5 在化学分子性质预测任务中，输入“预测化学性质：

示例1：CCO → 可溶于水；

示例2：ClCCCCCl → 疏水性；

当前分子：ClC=CC=CCl → ______。”

模型通过比较分子结构片段（如羟基、氯原子取代基）与溶解度的关联规律，推断目标分子的化学性质。这一过程的关键在于示例的多样性与代表性：若示例仅覆盖单一类型的分子结构，模型可能过度泛化局部特征；而覆盖官能团、立体构型等多元特征的示例则能建立稳健的预测逻辑。

需要注意的是，少样本学习的性能提升存在阈值效应，当示例数量过多时，边际效益显著下降，提示开发者需在数据成本与性能需求之间寻求平衡。

总之，上下文学习的技术路径重新定义了大模型在人机协作中的知识传递机制。零样本学习验证了大模型对跨领域知识的分布式表征能力，而少样本学习则通过语义示范实现了专业规则的精准注入。用户在实践中需权衡任务复杂度与数据可用性：对于常识性任务或知识密集度较低的场景，零样本学习能够快速验证模型的基础能力；而在涉及专业术语、复杂逻辑或长尾需求的垂直领域，少样本学习通过有限的示例即可建立高效推理范式。这种分层适配策略不仅降低了人工智能技术的应用门槛，更揭示了预训练模型的认知弹性（即通过语言接口的设计），人类能够以接近自然教学的方式引导机器智能的进化方向。

（2）推理增强机制

推理增强机制通过构建系统化的思维框架与验证体系，提升大模型求解复杂问题的可靠性与可解释性。这一技术不仅突破了传统单步推理的局限性，还通过模拟人类认知过程中的试错、多角度分析以及结果校验等特性，实现了从问题拆解到结论验证的完整闭环。以下以经典的“水桶量水问题”为统一场景，以解决“用 3 升和 5 升水桶准确量出 4 升水”的问题为任务目标，系统阐释思维链（Chain-of-Thought, CoT）、思维树（Tree-of-Thought, ToT）与自洽性验证（Self-Consistency Verification）三大核心技术的协同作用机制及其在复杂推理任务中的应用。

1）思维链

思维链技术首创了一种显式记录与呈现中间推理路径的方法，其核心在于将隐性的思考过程显性化，从而通过模拟人类逐步推演的习惯，将复杂问题分解为一系列可验证的中间状态序列。例如，在解决水桶量水问题时，传统方法可能直接输出最终答案，而采用思维链技术的模型会生成如图 4.1 所示的推演过程。

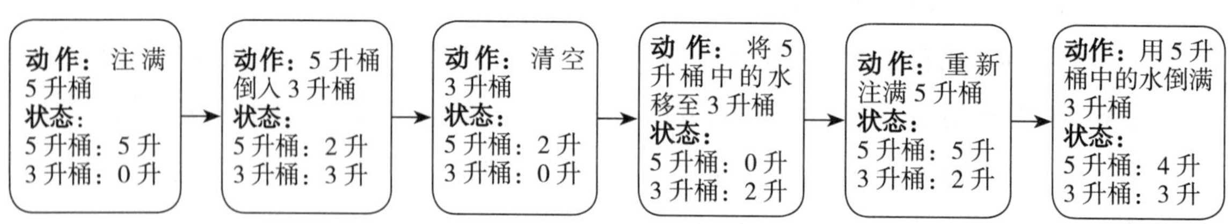

图 4.1 思维链示例

这种分阶段的状态记录不仅有效降低了单步推理的认知负荷，更为后续推理提供了可靠的上下文锚点。研究表明，在数学证明、物理问题求解等领域，相较于传统方法，采用思维链技术的模型可显著降低错误率。其关键优势在于，中间状态的显式表示为错误检测和逻辑验证创造了多个节点，使得系统能够在推理过程中快速定位并修正潜在的逻辑矛盾。

2）思维树

思维树技术在思维链的线性结构基础上引入了并行探索机制，构建了一个动态扩展的推理网络。该技术突破了单一路径依赖，允许模型在关键决策点生成多个备选分支，并通过启发式评估选择最优路径。以量水问题为例，当执行到“5 升桶剩余 2 升”的关键节点时，思维树系统会同时生成两条探索路径，如图 4.2 所示。

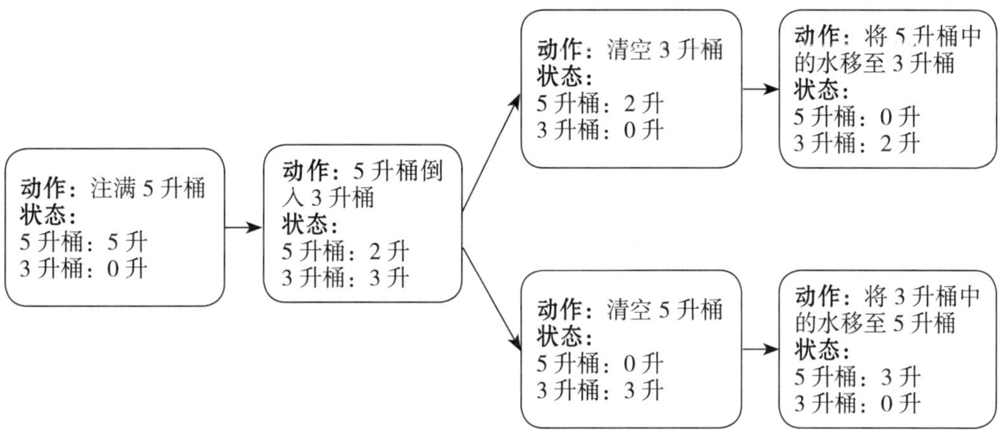

图 4.2 思维树示例

每个分支均独立推进直至得出最终结论或发现矛盾，系统则通过预设的评估函数，根据步骤简洁性、资源消耗量等因素动态修剪低效分支。这种多路径探索机制显著增强了模型应对不确定性的能力，在棋类博弈、化学合成路径规划等存在多个局部最优解的场景中，相较于单一思维链，思维树技术能够大幅提升求解成功率。

3）自洽性验证

自洽性验证技术构建了一套概率化的结果校验体系，通过多轮独立推理的结论聚合以提升最终输出的稳定性。该技术首先要求模型对同一问题生成多个差异化的推理路径，然后提取各路径的最终结论进行交叉验证。当配合思维链或思维树技术使用时，自洽性验证可有效提升模型在开放式问题中的答案准确率。其创新之处在于将集成学习理念引入推理过程，通过构建推理路径的多样性来弥补单次推导可能存在的认知偏差。

例 4.6 在量水问题中，系统可能获得三种独立推导方案：通过 5 升桶两次倾倒得到 4 升水，利用 3 升桶三次量取累计差额。采用交替注满与混合测量的创新方法。尽管具体操作步骤各异，但所有有效方案均收敛于“获得 4 升水”的最终状态。自洽性验证通过计算结论分布的一致性程度，可有效识别并过滤由随机性导致的异常值。某个错误路径可能声称获得 3.5 升水，该异常结论因低概率出现而被系统排除。

上述三项技术共同构成了大模型推理增强机制的核心支柱。思维链通过显式记录中间推理路径降低认知负荷，思维树通过多路径探索提升应对不确定性的能力，而自洽性验证则通过结果聚合与交叉验证确保推理的稳定性。三项技术相辅相成，不仅显著提高了复杂问题求解的可靠性与效率，也为人工智能领域提供了从语义理解到行为生成的完整技术栈支持。

（3）参数化调控方法

大模型的参数化调控体系通过动态重构概率空间映射函数，在生成内容的稳定性与创造性之间构建了可量化的平衡机制。作为文本生成风格控制的核心技术组件，温度系数（Temperature Coefficient）和采样策略（Sampling Strategies）分别从概率分布形态优化和候选词筛选机制创新两个维度，实现了对文本生成过程的精细化调控。二者的协同作用构建了一个多维控制平面，使模型能够适配学术文献撰写、文学创作、法律文书生成等跨领域应用场景的需求差异。

1）温度系数

温度系数作为概率分布调控的超参数，通过指数变换对模型输出的logits向量进行非线性缩放，其计算公式如下：

$$P(x_i) = \frac{e^{\frac{z_i}{T}}}{\sum_{j=1}^{n} e^{\frac{z_j}{T}}} \tag{4.1}$$

当温度系数 $T > 1$ 时，概率分布呈现熵增效应，低概率候选词的激活阈值显著降低，促使生成过程趋向于探索性创造；当 $T < 1$ 时，分布呈现峰化现象（Peaked Distribution），高概率词汇的选择优势被放大，确保生成的保守性与一致性。在古典诗词生成实验中，高温设置更有可能产生“夜雨润花羞”等非传统意象组合，而低

温设置则更有可能生成符合格律规范的“山月照松幽”句式。这种调控机制本质上实现了对人类创作思维的双模态模拟：高温对应发散性思维阶段的自由联想，低温则模拟收敛性思维阶段的严谨推理。实际应用中需建立任务导向的参数配置规范，儿童文学作品生成推荐采用较高温度以维持适度想象力，而法律文本生成则需设置较低温度以确保专业术语的精确性。

2）采样策略

采样策略通过定义候选词的筛选规则，约束生成过程的探索空间。主要策略包括贪婪采样、束搜索和Top-*k*/Top-*p*采样。

● 贪婪采样（Greedy Sampling）：始终选择当前概率最高的词汇，虽然保证局部最优，但易导致重复循环。例如，续写科幻小说开头“星际飞船穿越虫洞后”，可能陷入“发现另一个虫洞”的无效情节循环。

● 束搜索（Beam Search）：通过保留多个候选序列来缓解该问题，当设定束宽为4时，系统会并行追踪“遭遇量子生命体”“进入时间漩涡”“检测到未知能源信号”等分支情节。

● Top-*k*采样/Top-*p*采样：Top-*k*采样限定从概率最高的*k*个候选词中随机选择；Top-*p*采样（核采样）动态选择累积概率达阈值的最小词集，Top-*k*采样和Top-*p*采样策略通常组合使用。

温度系数与采样策略的协同调控方法往往联合使用，形成多维控制平面。例如，高温配合Top-*p*采样可激发创造性思维，低温结合束搜索可提升事实性陈述的严谨度。这种协同机制将概率空间的数学操作映射为人类可感知的文本特征，可精细塑造大模型的输出风格。这一协同机制构建了从概率空间到文本特征空间的映射函数，用户可精确控制生成文本的创造性维度和保真度维度。

（4）自动化提示工程

自动化提示工程是将提示优化转化为可计算的优化问题，借助机器学习技术搜索最优提示策略，实现自动优化提示设计，减少人工试错成本，提升提示在复杂任务中的表现。这一领域包含多种技术路径，其中基于强化学习的提示优化方法、元提示技术以及基于遗传算法（Genetic Algorithm）的提示优化是三类具有代表性的解决方案。

● *基于强化学习的提示优化方法*：将提示生成视为策略优化问题，构建智能体与语言模型的交互闭环，利用强化学习的奖励函数评估生成结果的质量，进而动态调整提示内容。例如，当希望模型生成更简洁的答案时，系统可自动尝试在提示中添加“用三句话概括”等约束条件，然后根据答案长度和完整性计算奖励值，最终筛选出能稳定触发简洁回答的优质提示模板。

● *元提示技术*：突破传统人工设计提示的局限，通过构建元级指令框架，利用高层指令指导模型自主优化提示，使模型能够理解提示优化的目标并执行自我改进。例如，当用户提交“解释量子力学”的请求时，系统可附加元提示“请分析当前提问的模糊点，生成三个更具体的问题引导用户澄清需求”，模型据此输出“您想了解基础概念、数学公式还是实验现象”等引导性问题。这种技术实现了提示优化的递归增强，使模型在对话中动态完善交互策略。

● *基于遗传算法的提示优化*：模拟生物进化机制，通过选择、交叉和变异操作筛选优质提示。首先创建包含多样化提示的初始种群，然后通过适应度函数评估各提示的效果，保留高分个体并重组其语义特征。例如，在情感分析任务中，系统可同时生成“请判断情感倾向”“分析这段话的情绪”等提示，再根据模型输出与标注数据的匹配度进行筛选。经过多代进化后最终保留的提示既能准确触发目标功能，又具备较强的泛化能力。这种全局搜索策略有效避免了局部最优陷阱，尤其在复杂任务中展现出显著优势。

以上三类技术共同构成了自动化提示工程的方法体系，分别从动态交互、自我指导和全局搜索维度突破人工设计的局限性。强化学习注重实时反馈的渐进式优化，元提示强调模型自主推理能力，遗传算法则擅长探索多维解空间。实际应用中可根据任务需求进行技术融合。例如，将元提示生成的候选提示作为遗传算法的初始种群，再通过强化学习进行精细调优。这种复合式方法已在智能客服、文本摘要等场景取得显著效果，标志着提示工程进入系统化、智能化的发展新阶段。

4.3 大模型应用

4.3.1 检索增强生成

(1) 传统大模型技术的局限性

尽管大模型技术在自然语言处理领域取得了突破性进展，但其纯粹依赖模型参数存储知识的模式存在多重难以突破的瓶颈：

● 时效性不足导致难以处理动态变化的信息：当用户询问“最新流感变异株特性”时，模型可能输出数月前甚至数年前的过时信息。

● 幻觉问题使得生成内容可能包含事实性错误：在生成科技论文摘要时，可能编造不存在的实验结论或引用已撤销的研究数据。

● 领域知识缺失限制了模型在专业场景中的表现：面对医学诊断类问题时，可能因缺乏最新临床指南的支持而给出错误建议。

这些缺陷本质上源于模型训练数据的静态性与知识更新机制的缺失，以及参数化知识存储方式在容量和准确性上的双重约束。

时效性问题的根源在于模型训练与知识更新存在不可调和的时间差。大模型通常使用固定时间窗口内的数据进行训练，而现实世界的信息瞬息万变。例如，在快速迭代的科技领域，模型可能无法识别最新发布的芯片型号、软件版本或行业标准；在新闻事件中，模型对突发事件的描述可能滞后于实际进展数小时甚至数天。这种滞后性不仅影响用户体验，更可能导致关键决策失误。幻觉问题与模型的生成机制密切相关，当遇到知识盲区时，模型可能通过概率推断生成看似合理但实则错误的内容。这种现象在涉及具体事实陈述时尤为突出，如将已解散的乐队描述为“活跃中”，或将已废止的法律条款列为现行规定。领域知识缺失主要源于通用训练数据的局限性，医疗、法律、金融等领域需要高度专业的知识体系，普通大模型难以有效提取和表示这些复杂知识。

上述多种局限性相互交织，共同揭示了大模型的根本性约束：其知识体系本质上是对训练数据的压缩表征，无法突破预训练阶段形成的认知边界。当面对需要实时数据支持、严格事实校验或深度领域知识的任务时，单纯依赖模型参数内存储的知识将面临系统性风险。这种困境推动着技术的演进，检索增强生成技术应运而生。该技术将大模型的生成能力与信息检索系统相结合，在生成过程中实时获取最新、最准确的知识。其基本原理可类比为人类认知过程，当遇到未知问题时，不能凭空臆断，而应该查阅权威资料再形成结论。例如，在处理医学咨询问题时，可从权威医学数据库中检索相关病例、诊疗指南和药物相互作用信息，再将这些知识融入答案生成的过程。

（2）检索增强生成技术

检索增强生成技术的核心架构由检索器、生成器和融合机制三个模块构成：

①**检索器：**作为信息获取的前端组件，其核心功能是从海量知识库中精准定位与输入问题相关的知识。这一过程需要解决两个关键问题：如何高效索引大规模异构数据，以及如何根据输入检索最相关的知识。例如，在医疗场景中，检索器需从数百万篇医学文献中快速筛选出与特定病症相关的最新研究，这要求系统具备多模态检索能力，既能处理文本数据，也能解析医学影像等非结构化信息。检索器的性能直接影响后续生成质量，若提取的知识不完整或存在偏差，将直接导致生成结果失真。

②**生成器：**负责将检索结果与原始输入进行整合，并生成最终输出内容。该模块需要处理两类信息的融合：模型自身参数化知识与外部检索知识的动态结合。例如，在新闻摘要生成任务中，生成器既要保留预训练模型对语言结构的理解，又要将实时检索到的事件进展融入摘要内容。这要求模型具备多源信息整合能力，常见实现方式包括将检索结果作为附加特征输入模型，或通过注意力机制动态调整不同信息源的权重。生成器的设计关键在于平衡外部知识的引导作用与模型自身的创造性，过度依赖检索结果可能导致输出内容缺乏灵活性，而完全忽视外部知识则无法发挥检索增强的优势。

③**融合机制：**连接检索器与生成器的关键桥梁，决定了外部知识如何影响生成过程。其核心任务是将离散的知识片段转化为模型可理解的信号，并控制这些信号在生成决策中的作用强度。具体方法是在模型输入层直接拼接检索结果，通过知识增强型注意力机制调整隐藏状态，或在输出层引入知识约束条件。例如，在法律文书生成中，融合机制可能强制要求特定法律条款必须出现在输出文本中，这通过将检索结果与生成概率分布直接关联实现。融合机制的有效性取决于对任务特性的精

准把握，在事实性要求高的场景中需要强约束，而在创意性任务中则应采用更灵活的融合策略。

以上三个模块的协同优化构成了检索增强生成技术的完整工作流。检索器为生成器提供知识基础，生成器通过融合机制有效利用这些知识，而融合策略又反过来指导检索器的优化方向。各模块存在不同技术挑战，而分工协作的架构使得检索增强生成既能保持大模型的泛化能力，又能获得领域知识的精准支撑，从而在知识密集型任务中展现出显著优势。

（3）解决方案

检索增强生成（Retrieval-augmented Generation, RAG）技术作为突破传统大模型局限性的关键路径，已经涌现出多种创新的解决方案。下面介绍几类常见的RAG框架。

1）AnythingLLM

AnythingLLM是一个开源的、可定制的、功能丰富的文档聊天机器人框架，专为希望与文档进行智能对话或利用现有文档构建知识库的用户设计。AnythingLLM能够将任何文档、资源转化为大模型在聊天中可以利用的相关上下文，支持多用户管理及权限控制，确保数据安全和高效协作。通过AnythingLLM，用户可以轻松地将文档知识融入对话中，实现更自然、更智能的交互体验。

2）Dify

Dify是一个开源的大模型应用开发平台，它融合了后端即服务和LLMOps理念，为开发者提供了一个用户友好的界面和一系列强大的工具，旨在简化和加速生成式AI应用的创建和部署。Dify支持多种大模型，并与多个模型供应商合作，确保开发者能根据需求选择最适合的模型。开发者可以通过Dify轻松地将检索增强生成技术融入自己的应用中，实现高效的知识检索和生成。

3）LangChain

LangChain是一个开源的应用框架，旨在简化使用大模型构建应用程序的过程。它提供了标准接口来连接不同的语言模型，以及与外部工具和数据源的集成，使开发者能够方便地将大模型接入自己的程序，并串联起各种模块构建复杂的应用。在检索增强生成方面，LangChain支持多种向量数据库和检索策略，帮助开发者实现高效的知识检索和融合。

4）GraphRAG

GraphRAG是一种结合了知识图谱和图机器学习技术的新型检索增强生成模型，旨在提升大模型在处理私有数据时的理解和推理能力。它通过将非结构化的文本数据转换为结构化的图谱形式，并利用图神经网络等图机器学习技术挖掘知识图谱中的深层信息和复杂关系，从而提升了模型在问答、摘要和推理任务中的表现。

这些解决方案各有侧重，但共同之处在于都致力于将外部知识与大模型能力相结合，实现更高效、更准确的生成。AnythingLLM注重文档聊天和知识库构建，Dify强调应用开发的简化和加速，LangChain则专注于大模型应用的构建和集成，而GraphRAG则通过知识图谱和图机器学习技术提升了大模型的处理能力。开发者可以根据自己的需求和场景选择合适的解决方案，或者结合多种技术实现更复杂的检索增强生成应用。这些框架的不断发展和完善，将推动检索增强生成技术向更智能、更可靠的方向演进。

例 4.7 以某跨国科技公司的企业内部智能问答系统为例，RAG系统构建流程如表4.2所示。该跨国科技公司拥有庞大的知识库，包括技术文档、市场分析报告、内部培训资料以及各类政策文件。然而，传统的关键词检索系统在面对复杂问题时往往无法提供准确且全面的答案。此外，随着公司业务的快速发展，新知识不断涌入，如何确保问答系统的时效性也成为一大挑战。为了应对日益增长的信息需求，该公司决定利用RAG技术构建企业内部智能问答系统。该系统旨在为员工提供即时、准确的回答，覆盖从产品技术细节到公司政策流程的全方位知识。

表 4.2 RAG案例分析

实施阶段	实施内容
数据准备与索引	团队对现有的知识库进行了全面的梳理和分类，确保数据的完整性和准确性。然后，使用 LangChain 的文档加载器和文本拆分器，将大型文档拆分成小块文本，并进行向量化编码。这些向量被存储在向量数据库中，以便后续的高效检索。
检索器设计与优化	检索器是 RAG 系统的核心组件之一。团队设计了一个基于语义相似度的检索方法，能够根据用户输入的问题，从向量数据库中快速检索出最相关的知识片段。为了提高检索的准确性和效率，团队引入稠密检索技术，对检索结果进行进一步的筛选和排序。

续 表

实施阶段	实施内容
生成器与融合机制	生成器负责将检索到的知识片段与用户输入的问题进行融合，并生成最终的回答。团队选择了一个预训练的大模型作为生成器，并通过微调使其更好地适应企业内部的知识领域。在融合机制方面，采用了 LangChain 提供的自定义指令模板，确保生成器能够充分利用检索到的知识，同时保持回答的流畅性和准确性。
系统测试与优化	系统构建完成后，团队进行了多轮测试，包括功能测试、性能测试以及用户接受度测试。通过收集用户反馈和数据分析，团队不断优化系统的检索方法、生成策略以及用户界面，确保系统能够满足员工的实际需求。

经过数月的努力，企业内部智能问答系统正式上线运行。系统上线后，员工的知识获取效率显著提升，复杂问题的解答时间显著缩短。同时，系统的准确性也得到了广泛认可，员工对系统提供的答案满意度极高。

4.3.2 大模型智能体

随着人工智能技术的不断演进，智能体（Agent）作为具备感知、规划与行动能力的技术形态，正逐步成为连接虚拟与现实、理论与实践的重要桥梁。智能体技术通过模拟人类智能的决策与交互过程，实现了从简单任务执行到复杂问题解决的跨越。从ReAct、AutoGPT等典型框架的提出，到斯坦福虚拟小镇、MetaGPT等多智能体系统的创新实践，智能体技术不仅展现了其在自动化、智能化任务处理中的卓越能力，更在构建复杂、灵活且高度适应性的智能生态系统方面展现出无限可能。智能体技术的深入发展，不仅将推动大模型技术向更高层次迈进，更为未来智能社会的构建奠定了坚实基础。

（1）智能体基本概念

大模型智能体作为人工智能领域的新兴研究方向，正在重塑人机协作范式，推动人工智能系统从被动响应向主动作为的范式转变。它将大型语言模型的强大语言理解能力与自主决策、环境感知、任务执行等能力相结合，构建出能够主动感知需求、规划行动并持续学习的智能实体。这种智能体不仅具备知识推理能力，更能通过与环境交互实现目标导向的行为，标志着人工智能系统向更高级智能形态的演进。

从技术本质来看，大模型智能体是语言模型能力与代理框架的融合创新，它基于预训练语言模型构建认知核心，通过强化学习、规划算法和工具接口扩展行动能力。这种架构使得智能体既能理解复杂语义指令，又能将语言输出转化为具体行动，如自动编写代码、操控机械臂或协调多系统协作。具体而言，智能体通过自然语言接口接收用户指令，利用大模型进行任务解析和意图识别，结合环境感知模块获取实时数据，再通过决策规划系统生成可执行的动作序列，最终通过执行器完成实际操作。这种多模态交互与复杂任务执行能力，使得智能体能够处理传统人工智能系统难以应对的开放世界问题。

智能体的核心能力体现在三个维度：

● 环境感知与理解：通过接入传感器数据、网络API或文档数据库，智能体能实时获取并分析环境状态。例如，在智能家居场景中，智能体可通过物联网传感器感知温度、湿度等环境参数，结合用户习惯数据理解当前需求；在医疗领域，智能体可整合电子病历、实时监测数据和医学文献，构建全面的患者健康画像。

● 决策与规划：基于对当前状态和目标的理解，运用蒙特卡洛树搜索、启发式算法或深度强化学习等方法生成行动序列。例如，在物流配送路径规划中，智能体可综合考虑交通状况、货物优先级等因素，动态调整配送路线以优化效率。

● 执行与反馈：通过调用外部工具或控制设备实现规划目标，并根据执行结果调整策略。这种闭环能力使智能体能在动态环境中持续优化表现。例如，智能客服系统可根据用户情绪反馈调整沟通策略，或自动驾驶系统根据路况变化实时修正行驶轨迹。

大模型智能体的价值不仅在于技术突破，更在于其开创的应用场景。在医疗领域，智能体可整合电子病历、医学文献和实时监测数据，辅助医生制定个性化治疗方案。例如，IBM Watson for Oncology通过分析大量临床案例和医学研究成果，为肿瘤患者提供治疗建议，缩短方案制定时间。在金融行业，智能体能自动分析市场趋势、生成交易策略并执行风险监控。彭博社的金融智能体已能实时处理新闻资讯、财报数据和交易信息，为投资者提供决策支持。在智能制造中，智能体可协调机器人集群完成复杂装配任务，通过动态任务分配和路径规划，极大提升生产效率。这些应用验证了智能体在解决复杂现实问题中的潜力，预示着人机协作将进入新的发展阶段。

值得注意的是，大模型智能体的发展仍面临技术挑战。环境感知的准确性和实时性、决策规划的鲁棒性、执行反馈的闭环效率等问题仍需持续突破。但随着多模态学习、具身智能等技术的进展，大模型智能体正在向更自主、更智能的方向演进。未来，这类智能体有望在更多领域发挥关键作用，推动人工智能技术从实验室走向真实世界的复杂应用场景。

（2）典型智能体框架与应用

大模型智能体的典型框架与应用体系呈现出多元化发展态势，其中ReAct和AutoGPT作为两类代表性架构，分别从任务执行机制与工程化平台维度推动了智能体技术的实用化进程，正日益受到关注。

1）ReAct框架

ReAct是Reason and Act的缩写，该框架强调智能体在动态环境中的推理与行动能力，通过持续的环境感知和即时推理，使智能体能够灵活应对不断变化的环境和任务需求。ReAct框架的核心在于其循环迭代的工作机制：首先，根据当前状态和目标进行推理，生成一系列可能的行动方案；随后，选择并执行其中一个方案，并观察执行结果；最后，根据观察结果更新内部状态，并重复上述推理与行动过程。这种机制使得ReAct智能体能够在复杂环境中自主决策、动态调整，并不断优化其行为策略。ReAct框架已被广泛应用于自动驾驶、灾害救援等领域，展现了其在实时性要求较高的场景中的巨大潜力。

2）AutoGPT

AutoGPT是一种基于GPT模型的智能体开发框架，标志着智能体技术向端到端自动化方向的跨越，推动了智能体技术的实用化进程，通过结合自然语言处理、任务规划和自动化技术，使智能体能够自主执行任务并生成内容。用户只需为AutoGPT设定一个或多个目标，它就能自动拆解任务、规划行动，并通过调用外部工具和服务来完成任务。AutoGPT的核心优势在于其高度的自主性和灵活性，能够根据任务需求动态调整策略，并与其他系统进行无缝集成。AutoGPT已被用于编写代码、生成报告、进行数据分析等多种场景，极大地提高了工作效率和创造力。

ReAct和AutoGPT作为两种典型的智能体框架，各自具有独特的技术特点和优势。ReAct框架强调推理与行动的紧密结合，适用于需要快速适应环境变化的场景；

而AutoGPT则更注重自主性和灵活性，适用于需要处理复杂任务和动态内容的场景。两者在实际应用中均取得了显著成效，为智能体技术的发展和应用提供了有力支持。

（3）从单智能体到多智能体

在人工智能领域，多智能体框架作为一种新兴的技术范式，正逐渐展现出其在复杂系统模拟和智能决策方面的巨大潜力。其中，斯坦福虚拟小镇和MetaGPT作为多智能体框架的典型代表，不仅提供了全新的视角来审视智能体间的协作与交互，更在实际应用中取得了令人瞩目的成果。

斯坦福虚拟小镇是一个由斯坦福大学开发的创新项目，它构建了一个由多个智能体组成的虚拟世界。在这个虚拟小镇中，每个智能体都拥有独特的身份、性格、记忆和目标，它们能够像真实的人类一样生活、工作、社交，甚至进行对话。这些智能体基于大模型驱动，通过自然语言描述生成自己的行为决策和对话内容，从而形成一个复杂而逼真的社会环境。斯坦福虚拟小镇不仅展示了大模型的强大能力，更提供了一个研究智能体间社会行为、情感交流和道德判断的平台。在实际应用中，这种虚拟小镇可以用于模拟城市规划、社会政策制定等场景，帮助决策者更好地理解人类行为和社会动态。

MetaGPT是另一个引人注目的多智能体框架，旨在通过模拟软件公司中的多角色协作流程，完成复杂任务的自动化处理。MetaGPT将标准化操作流程与智能体技术相结合，使多个AI智能体能够像真实团队一样分工合作，显著提升任务执行效率和输出质量。在MetaGPT中，每个智能体都被赋予了特定的角色和职责，如产品经理、架构师、工程师等，它们通过共享环境、标准化输出、发布—订阅机制等方式实现高效协作。这种框架不仅适用于软件开发领域，还可以扩展到数据分析、智能体开发等多个领域，为复杂任务的自动化处理提供了新的解决方案。

斯坦福虚拟小镇和MetaGPT作为多智能体框架的典型应用，各自展现了独特的优势和潜力。斯坦福虚拟小镇通过模拟真实的人类社会行为，提供了研究智能体间社会交互的平台；而MetaGPT则通过模拟软件公司中的多角色协作流程，实现了复杂任务的自动化处理，提高了工作效率和输出质量。

随着人工智能技术的不断进步和应用场景的持续拓展，可以预见，多智能体系统将在城市规划、交通管理、智能制造、金融服务等多个领域展现出巨大的应用潜力。这些系统将能够自主感知环境、做出决策、执行任务，并与人类进行自然流畅的交互，为人们的生活和工作带来前所未有的便利和效率。

思考题

1. 查阅资料并简述传统语言模型与大模型的区别和联系。

2. 简述预训练技术与微调技术的区别。

3. 简述提示学习的目的，以及它与传统机器学习方法的区别。

4. 简述使用大模型时Web访问方式与API调用方式的区别，以及使用API调用的场景。

5. 选择一个特定大模型，对比使用提示词和不使用提示词时的模型输出结果。

6. 若需要使用大模型辅助写一篇关于提示工程的调研报告，简述将这个复杂的任务分解为更适合大模型处理的子任务的思路。

7. 结合图 4.1 与图 4.2，简述思维链技术与思维树技术的区别。

8. 简述检索增强生成（RAG）技术的作用。

9. 查阅资料并简述RAG技术中的检索器与传统信息检索技术的区别和联系。

10. 举例说明智能体应用与RAG应用的区别。

5 数据预处理

实际应用场景中，原始数据可能存在缺失、噪声、冗余、不一致等问题，数据可能有不同来源且格式差异较大，数据的原始特征可能不足以表达其中的复杂关系，对高维或大规模数据集进行直接训练成本较高，这些特点都直接影响模型训练的结果和性能。即使使用最先进机器学习算法，未经过预处理的数据也会使模型表现不佳甚至完全失效。对数据进行预处理，选择合适的数据以实现模型的训练和测试，将数据整理成适合模型使用的格式，确保数据格式与模型架构相匹配，提升模型在真实场景中的稳定性和分析结果的可用性，是数据分析或机器学习中耗时最长且至关重要的环节，直接影响模型的可靠性、效率和应用效果，是人工智能项目中的关键步骤。本章以数据集划分和数据降维为代表，介绍数据预处理的基本思想和代表性方法的主要步骤。

5.1 数据集划分

5.1.1 数据集划分基本概念

数据集划分在机器学习模型构建及应用中至关重要，直接关系到模型的训练效果和泛化能力。合理的数据集划分不仅能帮助模型准确捕捉数据中蕴含的规律，还能确保模型在新数据上取得优异的表现。数据集划分的核心目的是评估模型的泛化能力，即模型在新数据上表现出的性能。如果模型仅在已知数据上表现良好，而在新数据上效果不佳，则说明模型的泛化性能较差。为了有效评估泛化性能，通常将数据集划分为训练集（Training Set）和测试集（Test Set），前者用于训练模型和调整模型参数，使模型从数据中学习特征及规律；后者用于最终评估模型的泛化性能，其数据在训练过程中完全不可见，从而确保评估结果的客观性。通常情况下，对于分类和回归等有监督学习任务，必须进行数据集划分；对于聚类等无监督学习任务，则可以不进行数据集划分。

5.1.2 数据集划分方法

数据集划分方法即按照固定比例将数据集划分为训练集和测试集的方法，也称为简单划分法，广泛用于模型训练和测试。例如，可以随机选取 70% 的数据作为训练集，将剩余 30% 的数据作为测试集。训练集和测试集的比例也可以根据具体情况调整，但通常要求训练集的比例大于测试集。该方法适用于数据量充足的场景，能够保证每个子集都有足够的数据量。除了简单划分方法，常用的数据集划分方法还包括交叉验证法（Cross-validation）、留一法（Leave-one-out）和分层抽样法（Stratified Sampling）。

（1）交叉验证法

交叉验证法通常适用于数据量较小的情况，其最常见的划分方法为K折交叉验证（K-fold Cross-validation）。该方法将数据集划分为K个相等的部分，用其中一个部分作为测试集、对模型性能进行测试，剩余的K−1 个部分作为训练集、用于模型训练。这一过程重复执行K次，每次使用数据的不同部分进行测试，确保对模型进行全面评估。所有测试结束后，用测试结果的平均值度量模型性能。K折交叉验证法的工作流程如图 5.1 所示。

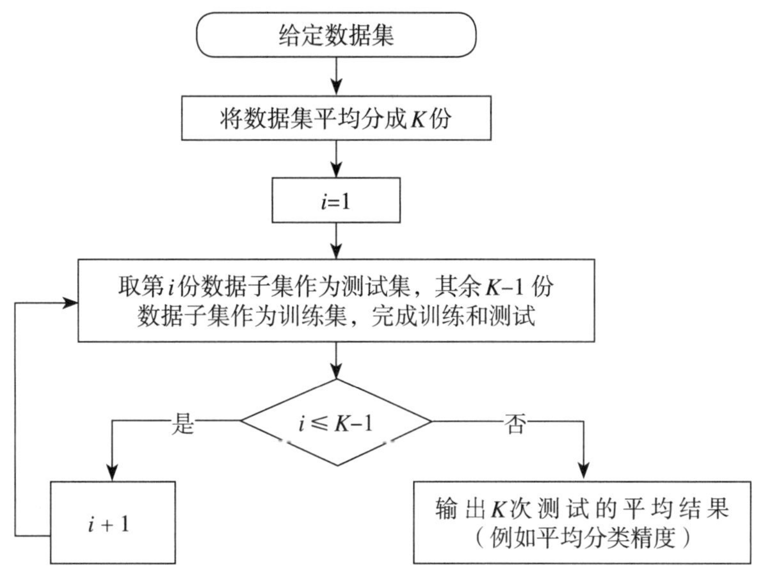

图 5.1 K 折交叉验证法工作流程

例 5.1 假设数据集为 $X = \{1, 2, 3, 4, 5, 6\}$，使用 3 折交叉验证法，将数据集划分为{1, 2}、{3, 4}和{5, 6}三个相等的部分，依次将一个部分用作测试集，其余两个部分用作训练集，即使用{1, 2}和{3, 4}训练模型，使用{5, 6}测试模型；使用{1, 2}和{5, 6}训练模型，使用{3, 4}测试模型；使用{3, 4}和{5, 6}训练模型，使用{1, 2}测试模型。在这个过程中，数据集被分成 3 个相等的部分。基于 3 轮测试的平均结果，对模型的整体性能进行评估。

（2）留一法

留一法是交叉验证法的一种特殊形式，该方法每次选取一个数据样本用于测试模型，其余数据样本用于训练模型，数据集中的每个数据样本都要重复这个过程。虽然留一法能够最大限度地利用数据，但计算成本较高，通常仅适用于数据量很小的场景。留一法的工作流程如图 5.2 所示。

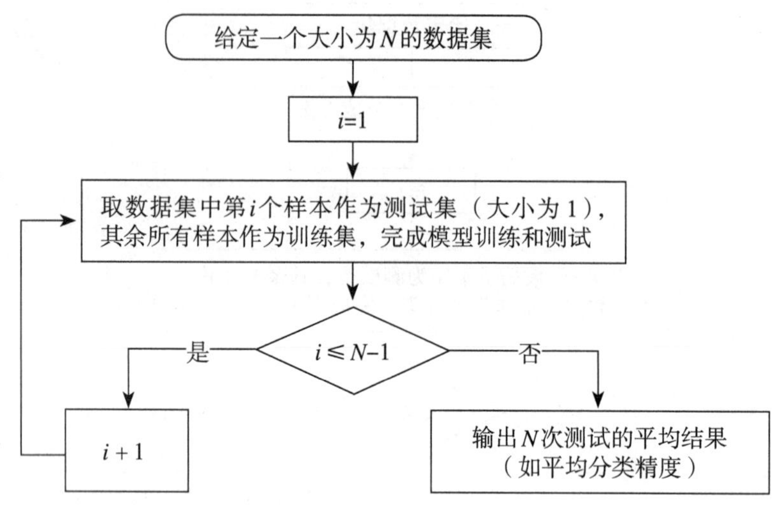

图 5.2　留一法工作流程

例 5.2　假设数据集为$X = \{1, 2, 3, 4\}$，使用留一法对X进行划分的过程如下：使用{2, 3, 4}训练模型，使用{1}测试模型；使用{1, 3, 4}训练模型，使用{2}测试模型；使用{1, 2, 4}训练模型，使用{3}测试模型；使用{1, 2, 3}训练模型，使用{4}测试模型。数据集中4个样本都会被挑选出来用于测试模型，其余样本用于训练模型。

（3）分层抽样法

在分类问题中，有时数据集中不同类别的样本数量不均衡。例如，如果大部分数据属于一个类别，而只有少数数据属于另一个类别，那么将数据随机分为训练集和测试集可能会导致集合内部的某些类别的样本数量太少，从而影响模型性能。分层抽样法有助于解决数据集划分中存在的上述问题，能确保数据集中的每个类别在训练集和测试集中的样本比例与原始数据集相同，从而保证所有类别都能得到良好体现、模型能够从所有类别中充分学习特征。

例 5.3　假设数据集X中含有A、B、C三个类别的数据，其中A类包含10个数据样本，B类包含3个数据样本，C类包含5个数据样本。通过分层抽样法将数据集中70%的数据样本作为训练集，将30%的数据样本作为测试集，则训练集中包含7（$10\times0.7=7$）个A类样本、2（$3\times0.7\approx2$）个B类样本、3（$5\times0.7\approx3$）个C类样本，测试集中包含3（$10\times0.3=3$）个A类样本、1（$3\times0.3\approx1$）个B类样本、

2个（$5\times0.3\approx2$）个C类样本。

在实际应用中，数据集划分的具体方法应根据数据特点和任务需求进行选择。数据量较大时，可采用简单划分法（如将70%的数据作为训练集，将30%的数据作为测试集）；数据量较小时，可采用交叉验证法（如K折交叉验证），以充分利用数据；数据量很小时，可采用留一法，在最大限度利用数据的同时保持较低的计算成本；当数据集中不同类别的样本数量不平衡时，可采用分层抽样法，以确保所有类别都能得到充分体现。同时，在进行数据集划分时，为了确保数据集划分的有效性，需要注意以下几方面的问题：

- 数据泄露：数据泄露是指模型在训练过程中接触到了本应只在测试阶段才能看到的数据，导致模型性能评估不准确。为了避免数据泄露，必须确保测试集在训练过程中完全不可见。为此，可以采取两方面的隔离措施。一是做好物理隔离，可采取的技术手段包括单独文件存储、控制数据库访问权限等，从而令测试集在训练阶段完全不可访问；二是做好逻辑隔离，令标准化和特征选择等所有数据处理步骤仅依赖训练集即可完成。

- 时间序列数据划分：由于时间序列数据具有明显的时间依赖性，不能简单地随机划分数据集，否则可能导致未来信息泄露或丢失时间的顺序依赖关系。针对这类数据，通常采用按时间顺序划分的方法。例如，将前80%的数据作为训练集，将后20%的数据作为测试集，以确保模型在未来的数据上表现良好。

- 类别不平衡问题：在类别不平衡的数据集中，简单的随机划分可能导致某些类别在训练集或测试集中样本过少。此时，可使用分层抽样法，确保训练集和测试集中各类别的比例与整体数据保持一致，提升模型对所有类别的学习和识别能力。

5.2 数据降维

5.2.1 特征选择

随着数据维度的不断增加，特征选择作为机器学习中的关键预处理步骤，旨在从原始特征集合中选取部分特征，构成新的特征子集，然后采用该特征子集进行模型的训练和预测。该子集应包含对学习任务最有帮助的特征，同时尽量排除冗余和无用的特征。特征选择的主要作用体现在以下三个方面：第一，能提升模型的泛化性能，通过去除噪声等冗余和无用特征，使模型更专注于真正有意义的特征；第二，能降低计算复杂度，减少训练时间和存储需求；第三，有助于增强模型的可解释性，使结果更容易被理解和解释。总之，特征选择不仅能提高模型的泛化性能，还能降低计算和存储成本、增强模型的可解释性。

假设数据集$\{(\mathbf{x}_i, y_i) \mid i=1, 2, \dots, n\}$共包含$n$个样本，其中$\mathbf{x}_i = \{x_{i1}; x_{i2}; \dots; x_{id}\}$表示第$i$个样本的输入、是由$d$个特征构成的列向量，$y_i$表示第$i$个样本的输出（目标）。下面分别介绍过滤法（Filter）、包裹法（Wrapper）和嵌入法（Embedded）这三种常用的特征选择方法。

（1）过滤法

过滤法是一种基于特征本身统计特性进行重要性评估的方法，不依赖于任何机器学习模型。这类方法通过计算数据的统计特征与目标变量之间的关系，来进行特征评估与选择，主要包括以下步骤：首先对每个特征进行评估，计算其与目标变量的相关性或重要性得分；然后根据预定义的阈值或排名，选择得分最高的特征子集；最后将选定的特征子集用于后续的模型训练和评估。常见的过滤法包括方差法（Variance）、Pearson相关系数法（Pearson Correlation Coefficient）、卡方检验法（Chi-square Test）、互信息法（Mutual Information）等。

1）方差法

方差是衡量特征值与其平均值之间偏离程度的指标，方差法通过观察一个特征在不同样本中数值变化的程度来判断其重要性。也就是说，对于某个特征，如果各个样本的数值之间有很大差异，表明它可能包含更多有用的信息，从而对模型的判断更具贡献；反之，如果数值几乎都相同，那么这个特征可能对区分不同情况的作用有限。因此，通常认为数值变化越显著的特征越重要。第k个特征的方差的计算公式如下：

$$\mathrm{var}(k) = \frac{1}{n}\sum_{i=1}^{n}(x_{ik} - \bar{x}_k)^2 \tag{5.1}$$

其中，$\bar{x}_k$表示第k个特征的均值，为所有n个样本在第k个特征上取值的平均。方差法的计算仅涉及输入特征，与目标变量y_i无关。

2）Pearson相关系数法

Pearson相关系数是衡量两个连续变量之间线性相关程度的统计量。在计算Pearson相关系数之前，首先要计算协方差和标准差。协方差表示两组数字是如何一起变化的，如果两组数字同时趋于上升或下降，则协方差为正，如果一组数字上升、另一组数字下降，则协方差为负；标准差表示一组数字的分散程度，如果大多数数字都接近平均值，则标准差就低，如果数字非常分散，则标准差就高。因此，对于每个样本，先求出该样本在第k个特征上的数值与该特征均值之间的差，以及该样本对应的y值与所有样本的y均值之间的差，然后将这两个差相乘。最后将所有样本得到的乘积取平均，从而得到第k个特征与目标变量y之间的协方差。对于第k个特征和目标变量y的标准差，可以通过求出各自样本值与均值之间差异的平方，然后计算这些平方差的均值，最后取均值的平方根而得到。在此基础上，第k个特征与目标变量y之间的Pearson相关系数可以通过第k个特征与目标变量y之间的协方差除以第k个特征与目标变量y的标准差的乘积而得到。

Pearson相关系数的取值范围为[−1, 1]，其中1表示完全正线性相关，−1表示完全负线性相关，0表示无线性相关。实际应用中，通常关注Pearson相关系数的绝对值，无论是正相关还是负相关，都意味着特征对输出具有重要影响，基于此可以对特征的重要性进行排序。

3）卡方检验法

卡方检验是一种常用的统计方法，通过卡方统计量检验特征与类别之间的独立性。卡方统计量是一个描述特征重要性的数字，其值越大，说明该特征与类别之间的关系越强，从而判断特征的重要性。通过计算每个特征的卡方统计量并按其大小进行排序，可以实现特征选择。卡方检验法的主要步骤如下：

①对于每个离散型特征和类别输出，构建一张列联表，表中的每一行表示特征是否出现（是/否），每一列表示类别输出（正类/负类）；

②计算卡方统计量$x^2=\frac{N(AD-BC)^2}{(A+B)(C+D)(A+C)(B+D)}$，其中，$N$为样本总数，$A$为特征出现且输出为正类的样本数，$B$为特征出现且输出为负类的样本数，$C$为特征未出现且输出为正类的样本数，$D$为特征未出现且输出为负类的样本数；

③ x^2 值越大，特征越重要；根据 x^2 值的降序排序，选出所需要的特征。

例 5.4 假设有一个电影评论数据集，每条评论对应一个样本，每个特征对应一个评论关键词，输出为该评论是“正面”还是“负面”。该数据集中共有 5 条评论（即 5 个样本），其中一个评论关键词（特征）为“棒”，针对该特征构建如表 5.1 的列联表。根据列联表可知 A=1，B=0，C=2，D=2，N=5，该特征的卡方统计量为 $x^2=\dfrac{5\times(2-0)^2}{1\times4\times3\times2}=\dfrac{5}{6}$。对于其他特征，可按照类似方式计算其卡方统计量，最终根据计算结果对特征进行排序。

表 5.1 电影评论关键词的列联表

评论	正面	负面
出现“棒”	1	0
未出现“棒”	2	2

4）互信息法

互信息法是一种基于信息论的特征选择方法，用于衡量两个变量之间的依赖关系。与 Pearson 相关系数不同，互信息不仅能够捕捉变量之间的线性关系，还能够识别非线性关系，在处理复杂数据集时表现更为出色。互信息值越大，表明特征与目标变量之间的依赖关系越强，特征的重要性越高。变量 X 和 Y 之间的互信息，使用如下公式计算：

$$I(X;Y)=\sum_{x\in X}\sum_{y\in Y}p(x,y)\log\frac{p(x,y)}{p(x)p(y)} \tag{5.2}$$

其中，x 和 y 分别为 X 和 Y 的取值，$p(x)$ 表示计算 x 出现的可能性的概率函数。

在进行特征选择时，首先要分别针对每个特征 x_i 与目标输出 Y 计算其互信息值 $I(X;Y)$，然后根据互信息值对特征进行降序排序，从而选择出最具代表性的特征。

（2）包裹法

包裹法的核心思想是通过使用特定的机器学习模型来评估不同特征子集的性

能，从而选择最优的特征子集。与过滤法不同，包裹法将特征选择过程与模型训练紧密结合，充分考虑特征子集与模型之间的相互作用。包裹法将特征选择问题转化为一个搜索问题，通过特定的机器学习模型评估不同特征子集的表现，经搜索选择出最优的特征子集，其主要步骤如下：首先通过某种搜索策略生成候选的特征子集，然后使用选定的机器学习模型对每个特征子集进行训练和评估，最后根据评估结果选择性能最优的特征子集。常见的包裹法包括以下几种：

1）递归特征消除

递归特征消除是一种逐步剔除不重要特征的方法，用来找出最优的特征组合。该方法首先使用所有特征训练一个选定的模型，然后根据模型性能来评估每个特征的重要性，移除其中最不重要的特征。随后在剩余特征上重复这一过程，直至剩下预定数量的特征。该方法的工作流程如图 5.3 所示，其中每次移除的特征数量m由用户指定。

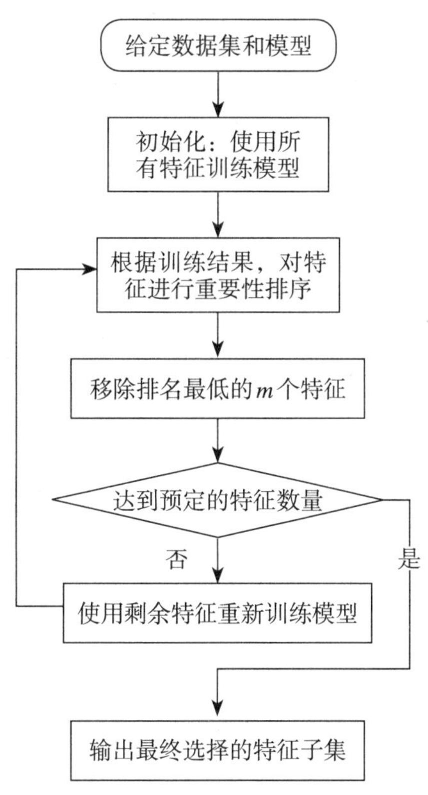

图 5.3 递归特征消除的工作流程

2）基于遗传算法的特征选择

遗传算法模拟达尔文生物进化论的自然选择和遗传学机理的生物进化过程的计算模型，是一种通过模拟自然进化过程搜索最优解的方法，用来寻找最好的特征组合，具有隐含的并行搜索能力和较好的全局寻优能力。先随机生成一些不同的特征组合（就像不同的生物种群）。接下来，利用一个机器学习模型来测试每个组合，看哪个组合表现更好，表现好的组合就“存活”下来，并进行“交叉”和“变异”（即组合和改变特征），产生新的组合。重复执行该过程，直到达到设定的次数或者找到一个很好的特征组合为止，从而逐步找到最优的特征子集。

3）序列特征选择

序列特征选择通过逐步添加（前向选择）或移除（后向消除）特征，基于模型性能的评估来选择最优的特征子集，主要包括前向选择、后向消除、双向搜索三种方法。前向选择是指从空集开始，逐步添加对模型性能提升最大的特征；后向消除是指从全特征集开始，逐步移除对模型性能影响最小的特征；双向搜索结合了前向选择和后向消除，同时进行添加和移除特征的操作。后向消除与递归特征消除的主要区别在于，后向消除每次只移除一个特征，而递归特征消除每次可以移除多个特征。

（3）嵌入法

嵌入法是一种将特征选择过程嵌入到模型训练过程中的方法，特征的选择并不作为一个独立的步骤进行，而是与模型的训练同时进行。特征的重要性通过模型训练过程中正则化项和特征权重等内在机制来评估。

嵌入法与包裹法都依赖于特定的机器学习模型，主要区别在于：第一，嵌入法将特征选择集成到模型训练过程中，而包裹法将特征选择作为独立的搜索过程。也就是说，在嵌入法中，特征选择与模型训练是相互融合、同时进行的；在包裹法中，特征选择与模型训练是相对独立、交替进行的。第二，包裹法直接基于模型性能来选择特征，而嵌入法通过模型内部机制来评估特征重要性并选择特征。常见的嵌入法包括Lasso回归（L1正则化）、Ridge回归（L2正则化）、支持向量机、决策树及其集成方法（如随机森林）等，部分方法在第2章作过介绍，这里不再赘述。

5.2.2 特征提取

特征提取也称特征抽取（Feature Extraction），旨在从原始数据中去除冗余和噪声，提炼出能够有效表征数据核心规律的抽象特征，使其能够被机器学习算法有效处理。例如，在手写数字识别任务中，通过观察笔画曲率和闭合性等抽象特征区分“0”和“8”，而非依赖每个像素的精确值，这一过程需实现去噪和抽象建模两个核心目标。去噪的目的是过滤掉无关的干扰信息，如纸张纹理、书写抖动或光照变化等噪声源；而抽象建模则从噪声剥离后的数据中提取隐含的、可泛化的规律性特征。特征提取与特征选择的主要区别在于是否生成新的特征，前者将原始特征转换为新的低维特征来表示，后者从原始特征中筛选出最具统计意义或任务相关性高的子集，不生成新的特征；当原始特征难以直接建模或需减少维度时使用特征提取（如将图像像素转换为直方图特征），当原始特征冗余但物理意义重要时优先使用特征选择（如医疗数据中保留关键指标）。

(1) 特征提取方法概述

特征提取方法可分为传统的特征提取方法和基于传统机器学习的特征提取方法：

● 传统的特征提取方法：依赖人工设计，主要用于提取人工设计的特征和基于统计学的特征，针对图像匹配问题提取结构特征，针对实时系统提取加速稳健特征（Speeded Up Robust Features, SURF），针对行人检测问题提取方向梯度直方图（Histogram of Oriented Gradient, HOG）特征，针对人脸识别问题提取纹理特征，针对信号问题提取频域特征。

● 基于机器学习的特征提取方法：通过算法自动学习特征，又分为以主成分分析（Principal Component Analysis, PCA）和线性判别分析（Linear Discriminant Analysis, LDA）为代表的线性方法，以自编码器（Autoencoder）和流形学习（Manifold Learning）为代表的非线性方法，以使用卷积神经网络卷积层或全连接层和迁移学习（Transfer Learning）为代表的监督学习方法，以聚类引导和Word2Vec为代表的无监督学习方法，分别应用于图像压缩和人脸识别、图像去噪和异常检测、图像分类和小样本学习、图像分割和文本分类等任务。

在基于机器学习的特征提取方法中，深度学习框架通过多层网络自动提取高阶抽象特征，显著提升了特征提取性能，基于深度学习的特征提取方法成为当前主流的特征提取方法。这类方法通过多层神经网络自动学习数据的高层次抽象表示，避免了传统方法依赖人工设计特征的局限性，广泛应用于计算机视觉、自然语言处理、语音识别等领域。目前主流的基于深度学习的特征提取方法包括：

● 基于卷积神经网络的方法：利用卷积层提取局部空间特征，通过参数共享减少计算量，适合处理图像和文本序列等网格结构数据。

● 基于循环神经网络的方法：通过循环结构对序列数据的时序依赖关系进行建模，在文本情感分析、机器翻译、时间序列预测等领域具有良好的表现。

● 基于Transformer的方法：基于自注意力机制对全局依赖关系进行建模、替代传统循环结构，具有并行计算效率高、长距离依赖建模能力强的优点。

● 基于自编码器的方法：通过编码器—解码器结构学习数据低维表示，广泛应用于数据降维、去噪、异常检测等领域。

● 基于图神经网络的方法：聚合节点邻域信息，有效提取图结构数据的拓扑特征，广泛应用于社交网络分析、分子结构预测、推荐系统等领域。

● 基于对比学习（Contrastive Learning）的方法：通过拉近正样本对、推开负样本对的方式学习特征表示，无须人工标注、适合小样本或无监督场景。

● 基于多模态特征融合的方法：联合学习图像、文本、语音等不同模态的特征表示。

实际中应针对任务需求和数据特性选择合适的特征提取方法。传统特征提取方法计算效率高、实现简单、可解释性强、易于理解和调试，在一些简单场景下仍然具有优势。研究人员围绕模型可解释性、小样本学习、计算效率等挑战，开展深度学习特征提取方法的研究，不断提升模型性能并降低开发成本，技术不断演进、适应实际中的复杂场景。下面以基于自编码器的方法为例，介绍基于深度学习的特征提取方法的流程。

（2）基于自编码器的特征提取

自编码器是一种基于神经网络的无监督学习模型，其核心目标是通过自动化的数据压缩和重构，促使模型学习到数据中能够完整描述输入且不冗余的关键特征。本质上，自编码器是一套“编码—解码”机制，编码任务将输入数据的特征映射到低维压缩编码，解码任务试图从这个紧凑的压缩编码中重构出原始数据。例如，在处理手写数字图像时，自编码器会逐渐学会“数字轮廓”和“笔画曲直”等抽象特征，非单纯记忆每个像素的数值。自编码器包括自编码器构建和模型训练两个步骤，具有重构过程相对简单、可堆叠多层等一些显著的优点，在图像分类、视频异常检测、模式识别、数据生成等领域得到广泛应用。

1）自编码器构建

编码器（Encoder）和解码器（Decoder）是自编码器的两大核心模块。编码器将高维数据映射为低维的压缩编码，从而实现数据的降维和信息的压缩；解码器将压缩编码还原为高维数据，通过对特征的逆向重构验证特征提取的有效性，二者共同定义了数据从“压缩”到“重构”的完整过程。理想情况下，解码后的数据与输入数据完全相同，如图 5.4 所示，自编码器构建包括编码、解码和重构误差三个阶段。

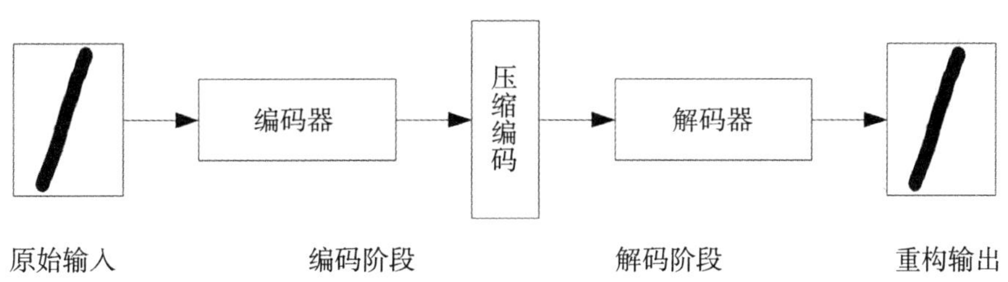

图 5.4 自编码器的网络结构

①编码阶段。

编码器通常由多层全连接网络构成，且输入层的神经元数量与数据的维度一致。每一层逐步提取更高层次的特征，并输出一个固定长度的压缩编码。以手写数字“2”的识别为例，模型输入 28×28 像素的灰度图像（展开为 784 维向量），因此编码器的输入层设置 784 个神经元，确保输入层神经元数量与数据维度严格匹配、完整地接收原始图像信息。编码器通过多层神经元逐层进行压缩，识别局部像素的明暗变化、笔画间的几何关系等特征，最终隐藏层输出 64 维潜在编码，作为解码器后续还原图像的特征。编码器网络结构如图 5.5 所示。

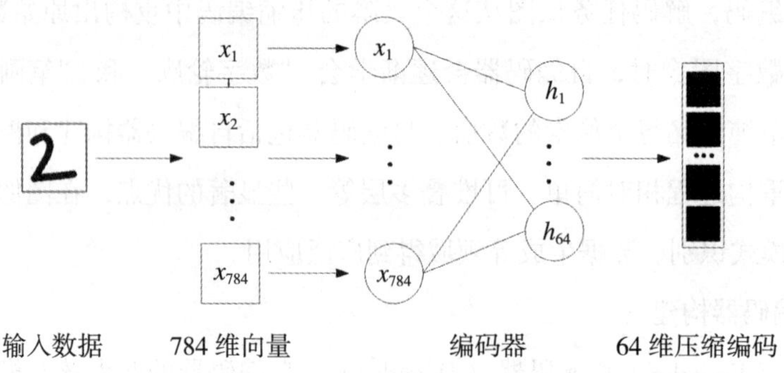

图 5.5　编码器网络结构

②解码阶段。

解码器旨在将压缩编码中的特征逐层“解压”，最终重建出尽可能接近输入数据的副本。例如，当编码器输出 64 维压缩编码后，解码器隐藏层构建相同数量的神经元以读取编码中的特征（如“闭合环曲率=0.8，竖线倾斜度=15°”），并通过神经网络逐层还原 28 × 28 像素的手写数字“2”。即使输入数据中存在轻微噪声，解码器仍然能够通过潜在编码中的关键信息准确还原出清晰的数字形状，其网络结构如图 5.6 所示。

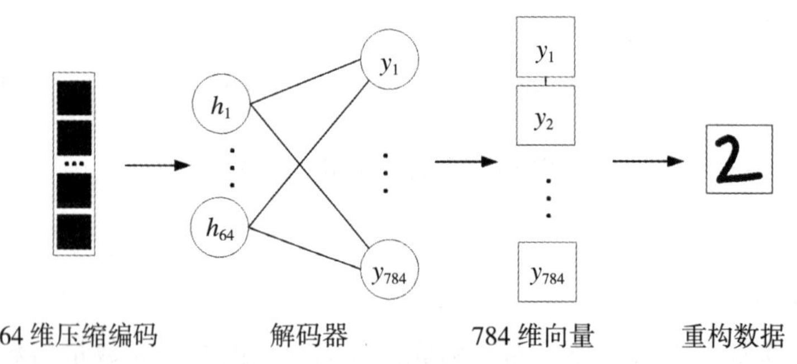

图 5.6　解码器网络结构

③重构误差。

重构误差是衡量输入数据与重构数据一致性的量化指标，本质是通过量化输入数据与解码器输出之间的差异，驱动模型提取可逆向重构数据的特征表示。重构误差可定义为输入 $\mathbf{x}$ 与重构数据 $\mathbf{y}$ 之间的欧式距离，计算公式如下：

$$L(\mathbf{x},\mathbf{y}) = \|\mathbf{x}-\mathbf{y}\|_2^2 \tag{5.3}$$

例如，在手写体图像的编码—解码过程中，这一阶段比较原始图像与复原图像中每个像素的差异，并给出一个综合评分。若误差较小（如 0.01），说明模型成功提取了“闭合环”和“竖线倾斜度”等核心特征，并能精准复原图像；若误差较大（如 0.5），则表明模型遗漏了关键规则（如尾部曲线断裂）或过度拟合噪声（如纸张褶皱被误认为笔画）。

2）模型训练

自编码器训练的目标是最小化输入数据与重构数据之间的误差，通过反向传播和梯度下降法，优化编码器与解码器参数，模型能够逐步学习到数据的关键特征。令输入数据$\mathbf{x} \in \mathbb{R}^d$为$d$维实值向量，给定训练数据集，自编码器网络训练步骤如下：

①输入层到隐藏层的输出计算。

针对输入数据$\mathbf{x}$的d维向量，编码器输入层构建d个神经元，将数据传递至隐藏层，并由隐藏层输出压缩编码并作为提取的特征。隐藏层的每个神经元接收输入层所有神经元的信号，并通过权重对每个输入神经元的信号进行调整。第k个神经元的输入是输入层所有神经元输出的加权和。具体而言，每个输入特征与其对应的权重相乘，权重表示输入层的神经元与隐藏层的神经元之间的连接强度；然后将所有加权后的值相加，得到第k个隐藏神经元的输入。若压缩编码为q维向量，则隐藏层输出为$\mathbf{h} = \{h_1, h_2, \ldots, h_q\}$，即每个隐藏层神经元将其输入和偏置相加后，使用Sigmoid激活函数将该加和映射到 0 和 1 之间的值，为第k个隐藏层神经元的输出值。如图 5.5 所示，编码器隐藏层拥有 64 个神经元，且每个神经元接收输入层 784 个神经元信号。

②隐藏层到输出层的输出计算。

编码器隐藏层输出的压缩编码即为解码器的输入，解码器每个隐藏层神经元对应压缩编码的一个维度（如像素位置），通过加权求和激活函数生成重构后的d维数据。类似地，解码器输出层的第k个神经元会接收隐藏层所有神经元信号，并通过权重对每个输入神经元的信号进行调整。输出层记为$\mathbf{y} = \{y_1, y_2, \ldots, y_d\}$，输出层神经元的输入是隐藏层中所有神经元的输出经过各自连接权重加权求和，再加上一个偏置项，而输出层神经元的输出是将其接收到来自隐藏层的输入经过Sigmoid激活函数处理，映射到 0 和 1 之间的值。如图 5.6 所示，解码器输出层为 784 个神经元，每个神经元接收隐藏层的 64 个神经元信号。

③权重和偏置更新。

模型训练时，随机初始化网络的权重和偏置，并计算输入数据与重构数据之间的误差（如手写体像素值的差异值总和）。然后，基于反向传播将误差逐层分解，编码器调整权重以保留更重要的特征，解码器对权重进行优化以减少复原偏差。例如，某次重构中手写体数字 “2” 顶部缺失了一段曲线，模型会增强对这类曲线特征的关注，调整相关连接的权重使其在后续训练中更易被捕捉。偏置则通过微调的方式确保模型对关键特征更敏感。

网络权重更新通常由优化器自动完成。优化器根据误差大小动态调整学习节奏，初期快速调整参数以缩小重构误差，后期逐步放缓以避免过度修正。通过反复迭代，模型最终从复杂数据中提取核心特征，并实现高精度的重构，模型训练过程如图 5.7 所示。

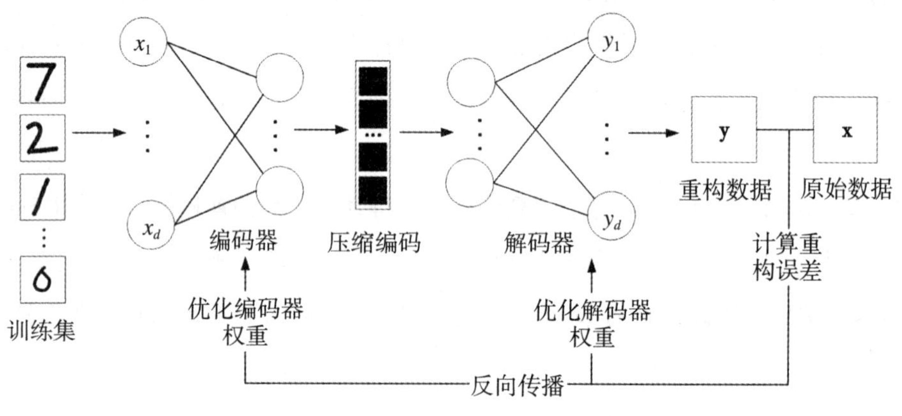

图 5.7 自编码器训练过程

例 5.5 从数据集构建具有三层网络的自编码器模型，该模型的输入层、隐藏层和输出层的维度分别为 784、64 和 784，设置训练迭代次数为 50 次。首先，编码器输入层接收 28 × 28 像素的手写体图像，并将输入信号映射至隐藏层。然后，解码器接收隐藏层的压缩编码，并将 64 维压缩编码重构为 28 × 28 像素的图像。模型通过式 5.3 衡量原始图像与重构图像的误差，基于反向传播算法计算损失函数对权重的梯度，并利用梯度下降法更新参数。上述过程迭代 50 次，使模型逐步学习到手写体图像的抽象特征。前 5 个测试样本数据和数据重构结果对比如图 5.8 所示，其中，Image 1~Image 5 是原始输入数据，Image 6~Image 10 是对应的重构数据。

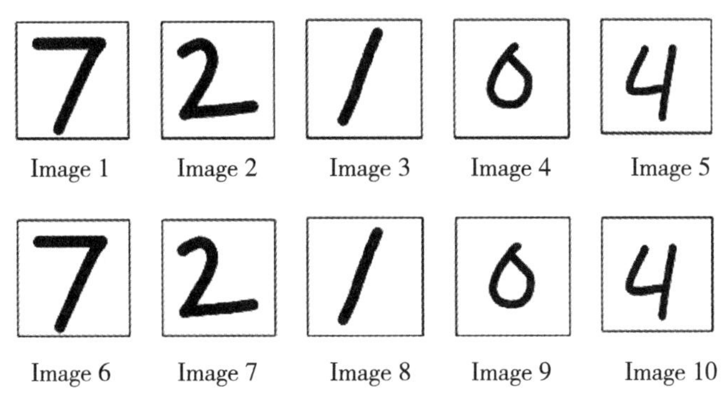

图 5.8 自编码器模型输入数据和重构结果对比

自编码器的本质是使隐藏层的表示尽可能低维，且包含输入数据中的主要特征，模型结构简单，能够自动提取特征，有效克服了手工特征提取的局限性。自编码器具有较强的泛化能力，可以通过无监督学习从数据样本中自动学习特征，无须额外的特征工程，只需要适当训练数据就能学到输入数据的高效表示，有效避免大规模数据训练时的过拟合问题。除了特征提取，自编码器也被广泛用于数据去噪、异常检测以及图像和视频数据压缩等场景。

思考题

1. 结合实际应用场景，简述数据预处理在机器学习中的意义和目标。

2. 除了数据集划分和数据降维，针对数据特点还有其他数据预处理技术，简述对表 5.2 中重复数据进行预处理的思路。

表 5.2 重复数据预处理

用户编号	时间戳	行为
101	2025-01-01 09:00	Click
101	2025-01-01 09:00	Click
102	2025-01-01 10:15	Purchase

3. 结合实际应用场景简述不同数据集划分方法的特点和区别。

4. 简述时间序列不能简单地进行随机划分的原因。

5. 简述特征选择中原始特征筛选、特征统计指标计算的目的。

6. 二分类任务中的正负样本比例为 1∶99，简述直接使用这些样本数据训练模型可能导致的问题，以及对该数据集进行划分的基本思路。

7. 一个房价预测数据集包含Area（房屋面积）、Bedroom（卧室数量）、Distance（距市中心距离）和Wall color（墙面颜色）四个特征。

（1）简述选择哪些特征用于建模，并给出选择的理由。

（2）分别给出使用过滤法、包裹法和嵌入法从该数据集选择特征的主要步骤，并简述所给方法的主要区别。

（3）简述验证Wall color是否对房价预测有用的思路。

8. 简述特征选择与特征提取的区别。

9. 简述传统手工特征与深度学习方法提取的特征的本质区别。举例说明基于深度学习的特征提取方法的优势。

10. 简述设计实验验证特征提取结果有效性的思路。

11. 自编码器中可根据输入数据的类型和分布假设使用不同的重构误差的计算方法，查阅资料介绍不少于 3 种计算方法，并对其适用的数据类型及优缺点进行比较。

12. 结合实际例子简述特征提取与模型可解释性之间可能存在的矛盾。

6 时间序列分析

时间序列数据存在于现实生活中的各个领域。在金融领域，股票、基金、期货等随时间的交易量和价格构成时间序列数据；经济领域，每年度统计的国内生产总值、人均收入、人均支出等指标构成时间序列数据；日常生活和自然科学领域，时间序列数据无处不在，道路上不同时段的车流量、景点不同时段的游客数、太阳黑子观测数据等，都是典型的时间序列数据。为了从时间序列数据中发现有价值的规律和模式、为智能决策提供支持，时间序列分析应运而生。通过对具有时间顺序的数据点进行分析，提取有意义的特征和有价值的信息，时间序列分析技术既涉及传统的统计方法，也涉及前沿的深度学习技术，具有丰富的学科内涵，因其在处理带有时序特征的数据方面的独特优势，在智能数据分析研究中扮演着重要角色，在经济学、金融学、气象学、工程学等实际生活中的各个领域都有广泛的应用。本章介绍时间序列分析的基本概念，时间序列预测、异常检测、聚类的基本思想和方法的主要步骤。

6.1 时间序列分析概述

6.1.1 时间序列数据

时间序列数据是指按照时间顺序记录的一系列数据点，具体而言，所关注指标变量在不同时刻的数值，按照时间先后顺序排列而成的序列即构成时间序列数据。时间序列数据的时间间隔可以根据实际情况自行定义（如秒、分钟、小时、天、周、月、年等）。表 6.1 给出了国际太阳观测组织观测的年平均太阳黑子数，不同数据点的时间间隔周期为一年。图 6.1 直观给出了太阳黑子活动的变化情况，从中可以看出，太阳黑子爆发具有一定的周期性。

表 6.1　2000—2023 年太阳黑子数据

年份	年平均太阳黑子数	年份	年平均太阳黑子数	年份	年平均太阳黑子数
2000	119.6	2008	2.9	2016	39.8
2001	111.0	2009	3.1	2017	20.3
2002	104.0	2010	16.5	2018	6.7
2003	63.7	2011	55.7	2019	3.6
2004	40.4	2012	57.8	2020	8.1
2005	29.8	2013	64.9	2021	25.8
2006	15.2	2014	79.3	2022	74.0
2007	7.5	2015	69.8	2023	113.3

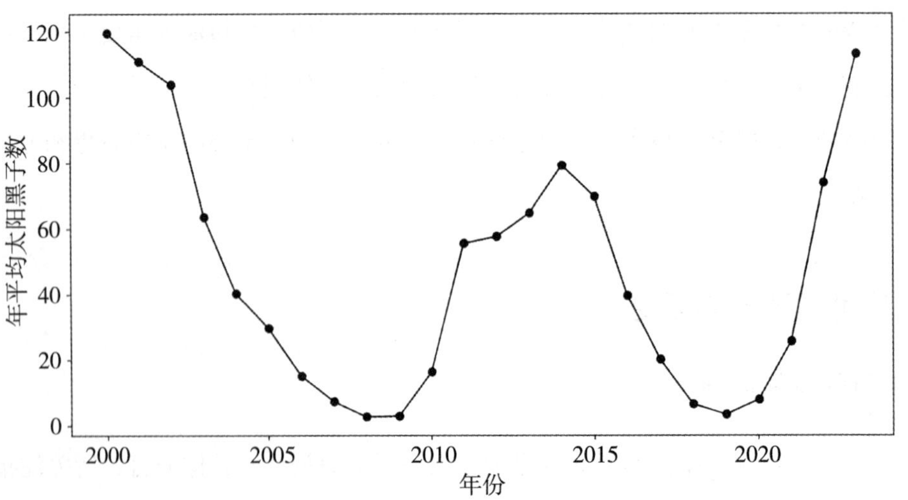

图 6.1　2000—2023 年太阳黑子活动的变化情况

根据所记录数据维度的差异，时间序列数据可以分为单维时间序列和多维时间序列。在单维时间序列数据中，只有一个变量随时间变化，变量的每个观测值都有一个相应的时间戳。例如，每日的股票收盘价和每日温度记录，都可以构成单维时间序列。多维时间序列是指在同一时间点上收集的多个相关变量的观测值，是包含多个变量随时间变化的数据序列，如同时记录的股票开盘价、收盘价、成交量，气象数据中的温度、湿度、风速等。一般地，单维时间序列可以写成$\{x_t: t \geqslant 0\}$的形式，多维时间序列可以看成是多个单维时间序列组成的向量，表示为$X_t = \{x_t^{(1)}, x_t^{(2)}, \dots, x_t^{(n)}\}$（$t \geqslant 0$），其中$x_t^{(i)}$是第$i$个维度（变量）在$t$时刻的取值。

时间序列数据具有如下特点：

● 时间顺序：时间序列中数据点按照时间顺序排列，即每个数据点与时间对应，观测变量的取值随着时间的变化而不同。

● 依赖性：时间序列中数据点间可能存在时间上的依赖关系，过去值可能影响未来值。从整体上看，时间序列数据的依赖性使得观测数据呈现某种趋势性或周期性变化。

● 趋势性：时间序列数据在较长时间范围内呈现出的整体上升、下降或保持平稳的变化趋势，反映了时间序列中长期的方向性变化，而不是短期波动或周期性波动。

● 季节性：时间序列数据在特定时间间隔内会出现规律性的周期波动，通常与季节、月份、季度等时间因素相关。

● 周期性：时间序列数据在固定或不固定的时间间隔内重复出现。周期性与季节性类似，但不局限于自然季节，可以是任意的重复周期。

● 随机性：时间序列数据中存在不可预测的变化和噪声部分，无法通过趋势、季节性或周期性来解释。这些变化没有明显的模式或规律，通常由测量误差、外部干扰等不确定因素引起。

6.1.2 时间序列分析概念

时间序列分析是对一系列按时间顺序排列的数据进行分析的过程，旨在从数据中提取有意义的模式、结构和规律，并进行预测、解释或决策支持。时间序列分析的基础是时间序列数据所具有的特点，特别是时间序列中的时间依赖性特点。时间序列分析的目标主要包括：

● 模式识别：识别时间序列数据的趋势、季节性、周期性或随机波动等模式和规律。

● 预测：基于历史数据对时间序列中的未来值进行预测。

● 异常检测：识别时间序列中不符合正常模式的异常点。

● 解释变量动态：分析时间序列数据中观测变量随时间变化的规律，并理解其原因。

● 决策支持：基于从时间序列数据中提取的有价值的信息、规律和模式，为实际问题提供决策支持和优化建议。

时间序列分析是系统化的过程，首先需根据应用需求定义问题并确定目标；接下来进行数据收集和预处理，可从数据库和传感器等来源获取时间序列数据，但要确保数据按时间顺序排列，此外，还需对收集到的数据进行清洗、标准化、归一化、去噪等预处理。对于预处理后得到的数据，先进行探索性分析，分析其趋势、季节性、周期性等基本特征，计算相关指标或统计量。基于探索性分析得到时间序列的特性，选择合适的模型进行训练和性能验证，再结合实际应用场景对分析结果进行解释并应用到实际决策中。

6.1.3 时间序列分析应用

在金融领域，通过时间序列分析，可以揭示金融市场的规律、预测未来趋势、评估风险并制定投资策略。例如，可以通过建立时间序列分析模型预测股票价格走势，帮助投资者进行股票买卖决策；通过时间序列分析资产的收益率，估计资产之间的相关性，用于构建投资组合，降低投资风险。

在气象领域，通过时间序列分析，可以更好地理解气象现象的规律、预测未来天气趋势、支持气候变化研究。天气预测是时间序列分析在气象领域最直接的应用之一。例如，应用时间序列模型预测温度和降水量等气象条件，提高天气预报的准确性。通过分析长期的气象观测数据，可以帮助揭示全球变暖趋势和降水变化模式等长期气候变化的趋势及周期性。

在医疗领域，随着可穿戴设备、电子健康记录、远程监控系统等医疗数据采集技术的快速发展，时间序列分析在医疗健康领域的应用也日益广泛。通过时间序列分析，可以挖掘健康数据的动态规律、预测疾病风险、优化医疗资源分配、提高医疗服务质量。例如，通过分析患者的血糖、血压、心率等时间序列数据，预测糖尿病和高血压等慢性病的恶化风险，提供早期预警并进行及时干预；分析患者的心率、血压、呼吸频率等生命体征时间序列，预测病情恶化或危急事件。

在交通管理领域，通过时间序列分析，可以发现交通流量的动态规律、预测交通状况、优化交通管理策略，进而提升交通效率和安全性。例如，利用历史交通流量数据，预测某路段在未来某时间段的车流量，帮助交通管理部门优化资源配置；分析车速、车流量、车道占用率等数据，识别交通拥堵的时间和地点，为制定拥堵缓解措施提供决策支持；分析车辆速度、刹车频率等数据，识别危险驾驶行为，从而制定预防策略。

在能源领域，时间序列分析成为优化能源生产、分配、消费的重要工具，通过分析电力负荷、发电量、能源价格等与能源相关的时间序列数据，可以实现能源系统的高效运行、节能减排和成本优化。针对能源需求预测这一能源管理的核心任务，时间序列分析可以帮助预测能源需求的变化趋势，支持实时调度和运营、优化能源供应和分配；太阳能和风能等可再生能源的发电量具有随机性和波动性，通过时间序列分析可以预测其发电量，提升能源系统的稳定性；电价、天然气价格、石油价格等能源价格受到多种因素的影响，通过时间序列分析可以帮助预测能源价格变化趋势，为能源交易和市场决策提供支持。

6.2 时间序列预测

6.2.1 时间序列预测的基本思想

时间序列预测是指通过分析时间序列数据、利用数学模型或算法，预测未来某一时刻或时间段的数值或趋势的过程，是一种基于时间相关性的预测方法，强调数据的时间依赖性和序列性，核心思想是基于过去的观测数据、利用数据中的规律（如趋势、周期性、相关性等）推断未来的值。时间序列预测的两个基本假设是：

一个假设是历史会重复，即过去的趋势和模式在未来可能延续，如数据可能表现出长期的上升、下降或平稳趋势，数据可能随时间呈现周期性波动；另一个假设是时间相关性，即时间序列中相邻数据点之间具有一定的依赖关系，未来的值通常依赖于过去的观测值。

预测未来值是时间序列预测的核心目标，预测结果可以是某一个时间点的值或未来多个时间点的值。预测未来一个时间点的数据值称为单步预测（如预测明天的气温）；预测未来多个时间点的数据值称为多步预测（如预测未来一周的电力负荷）。通过时间序列预测，还可以识别时间序列数据中的趋势和模式，揭示数据的长期趋势、周期性波动和随机噪声，为资源规划、风险控制和策略制定提供辅助决策支持。

时间序列预测的基本流程通常包括以下步骤：

①**确定预测目标：**通过了解具体的业务目标，确定要预测的目标（未来一小时、一天，还是一周的数据变化）和预测步长（未来一个时间点还是多个时间点的数据）。

②**收集数据：**收集与预测目标相关的时间序列数据，建立数据基础。在收集数据前，需要确定数据的采样频率（如分钟、小时、天、月），收集的时间序列数据通常包括时间戳和对应的观测值。收集数据时需要注意数据的完整性和质量，确保数据覆盖足够的时间跨度，避免数据缺失、重复或错误等情况。

③**数据预处理：**对收集的原始数据进行预处理，使其适合预测目标，通常包括缺失值处理、异常值检测与处理、数据平滑、时间对齐与重采样、归一化与标准化等，要确保预处理后的数据保留时间序列的时间依赖性和趋势信息。

④**数据分析与探索：**通过数据可视化和统计分析，了解时间序列的特性，分析数据的趋势、周期性和随机性，进行相关性分析和特征提取，为建模提供指导。

⑤**模型选择与训练：**根据数据特性选择合适的预测模型，使用历史数据训练模型，通过验证集评估模型性能。

⑥**模型预测与评估：**使用训练好的模型对未来数据进行预测，评估预测结果的准确性和可靠性。

⑦**部署与更新：**将训练好的预测模型应用于实际业务场景，并根据新数据动态

更新模型。

6.2.2 时间序列预测方法

时间序列预测方法主要包括基于统计的时间序列预测方法、基于机器学习的时间序列预测方法，以及基于深度学习的时间序列预测方法，不同方法适用于不同类型的时间序列数据和预测需求。

（1）基于统计的时间序列预测方法

基于统计的时间序列预测方法，适用于平稳或可通过转换处理为平稳的时间序列（统计属性不会随着时间而变化），通常对数据的趋势、周期性和随机性进行建模，具有较强的理论基础，鲁棒性好、可解释性强，能够捕捉时间序列数据中的趋势及季节性等信息。常见的基于统计的时间序列预测方法有自回归（Autoregressive Model, AR）、移动平均（Moving Average, MA）、自回归移动平均（Autoregressive Moving Average, ARMA）、差分自回归移动平均（Autoregressive Integrated Moving Average, ARIMA）、季节性差分自回归移动平均（Seasonal ARIMA, SARIMA）等模型。

下面以自回归模型为代表，介绍基于统计的时间序列预测方法。自回归模型是一种广泛应用于时间序列预测的统计模型，用于捕捉时间序列中的线性趋势，是一种基于平稳时间序列的建模方法。自回归模型是一种线性模型，其基本假设是当前值是过去值的线性组合，即待预测的数据值由前几个时间点的观测值通过线性组合而得到。p阶自回归模型记作AR(p)，其中p是自回归阶数，即使用的过去时间点的数量。AR(p)定义如下：

$$x_t = c + \sum_{i=1}^{p} \varphi_i x_{t-i} + \varepsilon_t \tag{6.1}$$

其中，x_t为待预测的t时刻的数据值，c为常数，x_{t-i}为$t-i$时刻的观测值，φ_i和ε_t为参数或系数。

自回归模型用于描述当前值和历史值之间的关系，用变量自身的历史数据进行预测，适用于预测与自身前期相关的现象。需要注意的是，自回归模型只能应用在平稳的时间序列数据上。如果时间序列数据不平稳，可以使用差分方法对原数据进行变换，通过去除时间序列中的一些变化特征使其平稳化，并消除或削弱时间序列的趋势和季节性，使其变为平稳序列。一阶差分变换用当前时刻的值减去上一时刻的值，即：

$$X'_t = X_t - X_{t-1} \tag{6.2}$$

如果在一阶差分的基础上再进行一次差分，则称为二阶差分，即：

$$X''_t = X'_t - X'_{t-1} \tag{6.3}$$

一般地，将进行d次差分操作称为d阶差分，表示为：

$$X_t^{(d)} = X_t^{(d-1)} - X_{t-1}^{(d-1)} \tag{6.4}$$

其中，$X_t^{(d)}$表示经过d阶差分后的时间序列，d表示差分的阶数。

在进行差分计算时，d=1 可以去除线性趋势，d=2 用于去除二次趋势（如抛物线趋势）。选择适当的d，可以将非平稳序列（如存在趋势或季节性的序列）转化为平稳序列。通常，差分次数d不超过 2。

例 6.1 假设原时间序列数据为X= {1, 2, 3, 4, 5, 6, 7, 8, 9, 10, 11, 12, 13, 14, 15}，经过一阶差分处理后得到的结果为X' = {1, 1, 1, 1, 1, 1, 1, 1, 1, 1, 1, 1, 1, 1}。差分效果如图 6.2 所示。

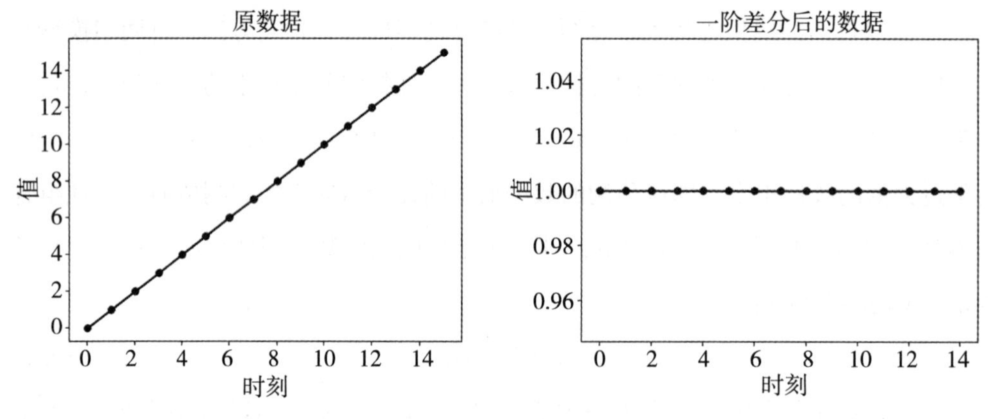

图 6.2 差分效果图

在使用自回归模型进行时间序列预测时，如果时间序列是非平稳的，则使用差分方法将原数据进行变换使其平稳；然后确定自回归模型的阶数p以及模型参数，使用建立好的模型对未来时刻的数据进行预测，将模型预测值与实际观测值进行比较，评估模型的预测精度；如果预测效果不理想，则进一步调整参数以优化模型。

需要注意的是，如果对原时间序列数据进行了差分处理，在使用自回归模型进行预测后，还需要将数据变换回差分处理之前的模式。

（2）基于机器学习的时间序列预测方法

基于机器学习的时间序列预测方法适用于非线性时间序列，能够捕捉复杂的模式和关系。相比传统统计方法，机器学习方法对数据分布的假设较少。该类方法的核心思想是将时间序列问题转化为回归问题，使用机器学习算法预测未来值，也就是将时间序列问题转化为监督学习问题，使用历史数据作为特征、未来值作为目标变量。常用方法包括线性回归、决策树、随机森林、支持向量回归（Support Vector Regression, SVR）、梯度提升树（如XGBoost、LightGBM和CatBoost）等。

下面以线性回归模型为代表，介绍基于机器学习的时间序列预测方法。线性回归（Linear Regression）是最简单且最常用的回归模型之一，用于研究因变量（目标变量）与一个或多个自变量（特征变量）之间的线性关系，基本假设是目标变量y可以通过自变量X的线性组合来表示。线性回归的目标是找到一条直线（或高维空间中的超平面），使其能够尽可能准确地拟合数据点。换句话说，该方法试图最小化预测值和实际值之间的误差。在许多实际问题中，影响因变量的因素有很多，即自变量可能有多个。例如，影响房价的因素包括居民收入水平、经济增长水平、地理位置、教育资源等。因此主要关注多元线性回归模型，其数学表达式为：

$$y = w_0 + b_1x_1 + b_2x_2 + \dots + b_px_p \tag{6.5}$$

其中，$x_1, x_2, \dots, x_p$为自变量；$b_1, b_2, \dots, b_p$为回归系数（权重），表示自变量x对因变量y的影响；w_0为截距，表示当自变量取0时的y值。

给定训练样本集$D = \{(\boldsymbol{x_1}, y_1), (\boldsymbol{x_2}, y_2), \dots, (\boldsymbol{x_m}, y_m)\}$，其中$\boldsymbol{x_i}$为包含$p$个自变量的向量，即$\boldsymbol{x_i} = \{x_{i1}; x_{i2}; \dots; x_{ip}\}$，$y_i$为自变量$\boldsymbol{x_i}$对应的目标值。线性回归模型的训练过程是通过给定的训练样本确定式6.5中的回归系数和截距，并最小化预测值与真实值之间的误差。通常使用最小二乘法作为优化准则，即最小化以下目标函数：

$$\sum_{i=1}^{m}(y_i - \hat{y}_i)^2 = \sum_{i=1}^{m}[y_i - (w_0 + b_1x_{i1} + b_2x_{i2} + \dots + b_px_{ip})]^2 \tag{6.6}$$

通过求解目标函数的最小值，可以得到模型的最优参数。在得到模型的最优参数后，即可用线性回归模型进行预测，即给定自变量向量$\mathbf{x}$，可以通过训练得到的线性回归模型的数学表达式计算得到其对应的目标值y。

由于时间序列数据通常是一维的，而线性回归模型无法直接处理时间序列数据，因此需要将其转换为有监督学习问题，也就是将时间序列转换为适合回归模型的特征变量和目标变量，具体方法是创建滞后特征（Lag Feature），即使用时间序列数据中前n个时间点的值作为当前时间点的预测特征，假设原始时间序列$X = \{x_1, x_2, x_3, \dots, x_t\}$，使用$x_{t-1}, x_{t-2}, \dots, x_{t-n}$作为$t$时刻的预测特征，$x_t$为对应的目标变量。

例 6.2 假设原时间序列数据为$X = \{1, 2, 3, 4, 5, 6, 7, 8\}$，使用前 4 个时间点的值预测当前时间点的值（即滞后步数为 4），从而得到如表 6.2 所示的数据集。

表 6.2 滞后特征数据集

特征 1	特征 2	特征 3	特征 4	目标变量
1	2	3	4	5
2	3	4	5	6
3	4	5	6	7
4	5	6	7	8

在时间序列预测中，构造滞后特征是将时间序列数据转换为适合基于机器学习的时间序列预测方法的关键步骤。滞后特征的选择取决于时间序列的特性和预测任务，如果时间序列数据有短期依赖性，可以选择较少的滞后步数（如 1~3）；如果数据有长期依赖性，可以选择更多的滞后步数（如 5~10）；如果知道时间序列有季节性或周期性，可以选择特定的滞后步数（如滞后 7 天、滞后 12 个月）。

在构造滞后特征后，将新得到的数据集划分为训练集和测试集，通常按照时间顺序将前 80% 的数据用于训练，将后 20% 用于测试，使用训练集构建线性回归模型。在测试集上评估模型性能，使用训练好的模型对测试集进行预测，计算预测误差指标，确保模型能够有效预测时间序列数据。使用训练好的模型对未来时间点进行预测，如果模型的预测效果不佳，则继续对模型进行优化。如需进行多步预测，即需要预测多个时间点，可以将当前预测值作为下一步的输入、逐步预测未来时间点的方式实现。

（3）基于深度学习的时间序列预测方法

基于深度学习的时间序列预测方法适用于复杂的非线性时间序列，尤其是长时间依赖或高维数据的情形，利用神经网络的强大建模能力来捕捉时间序列中的复杂模式和依赖关系，能够自动从原始数据中提取特征。通过第 3 章介绍的深度神经网络模型，可以有效捕获时间序列中的短期和长期依赖关系。此外，深度学习技术能有效处理数据中的非线性关系，使其在复杂的时间序列预测中表现良好。常见的基于深度学习的时间序列预测方法有循环神经网络、长短期记忆网络、门控循环单元、Transformer模型等。

下面以循环神经网络为代表，介绍基于深度学习的时间序列预测方法。首先将原序列数据按时间顺序依次输入到循环神经网络中，从而对网络结构进行训练，将最后一个时刻的输出作为预测值。在图 6.3 所示 N-N结构的循环网络中，输入和输出序列是等长的，若进行单步时间序列预测，可将N-N结构的循环网络改为N-1 结构的循环网络，如图 6.4 所示。在N-1 结构的循环网络中，输入是一个序列、输出是一个单独的值，这种结构通常在最后一个隐藏层输出h上进行线性变换，以得到所需的输出值作为单步时间序列预测的结果。

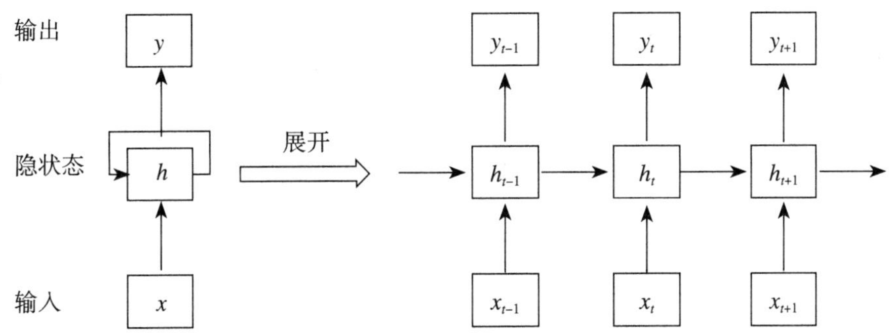

图 6.3　N-N结构的循环神经网络结构

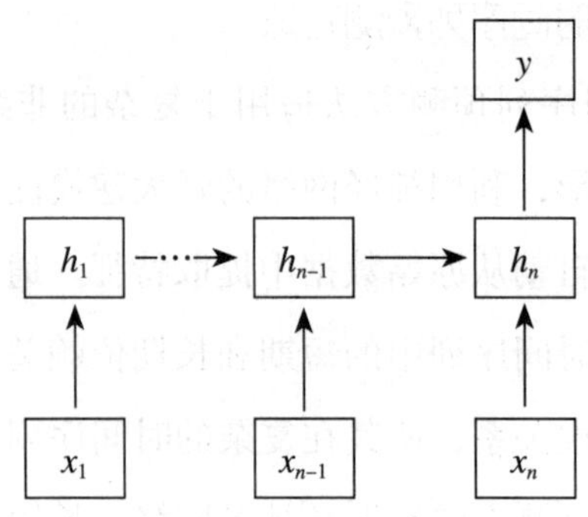

图 6.4　N-1 结构的循环神经网络

若进行多步时间序列预测，可将N-1结构的循环神经网络改为N-M结构的循环神经网络，如图6.5所示。N-M结构（Encoder-Decoder，也称Seq2Seq）的循环神经网络的输入和输出为不等长的序列，这种结构由编码器和解码器两部分组成，两者的内部结构都是循环神经网络。输入数据通过编码器最终输出一个隐变量c，再使用这个c作用在解码器解码的每一步上，以保证输入信息被有效利用，最终输出一个长度为m的序列。

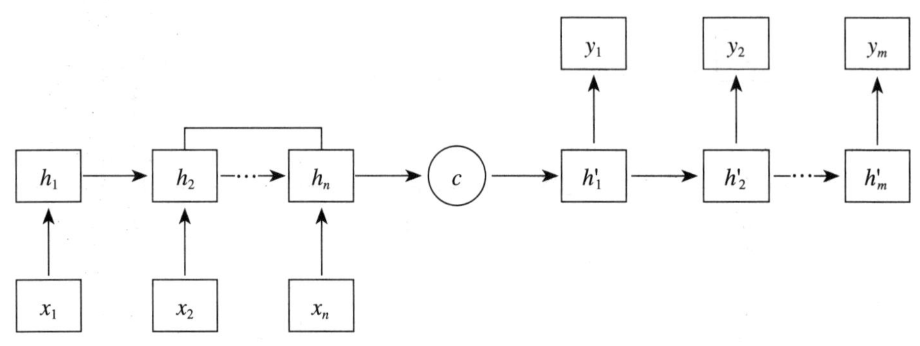

图 6.5　N-M结构的循环神经网络

类似基于机器学习的时间序列预测方法，在使用循环神经网络进行时间序列预测之前，需要将数据按照时间顺序划分为训练集和测试集，然后使用训练集对模型进行训练，在测试集上对训练的模型进行预测并评估模型的性能。

6.3 时间序列异常检测

常见的各种时间序列数据中都存在着大量的异常数据，这些数据可能对时间序列分析及决策造成干扰和破坏。时间序列异常检测是指在时间序列数据中快速识别出异常的模式和值，在各种不同业务场景中具有广泛的应用。例如，在交通领域，时间序列异常检测可以帮助城市交通部门及时发现道路拥堵情况，从而制定科学合理的应对措施；在金融领域，时间序列异常检测可以帮助银行监控可能存在的异常行为和交易。

6.3.1 时间序列异常检测的基本思想

时间序列数据中的异常，通常与数据来源、系统运行状态、外部环境或人为因素有关。在数据采集的过程中，传感器损坏、失灵或校准错误，可能导致采集到的数据异常；数据在传输过程中受到干扰或损坏，也可能导致记录的数据不准确。数据采集系统中的硬件故障、软件程序逻辑缺陷或系统崩溃、系统负载过高等系统异常或故障，都会导致数据记录异常。外部环境变化也会导致时间序列数据异常，如地震、暴雨、极端温度等可能导致温度、湿度、气压等传感器数据异常，经济危机、政策变动、疫情等突发事件可能导致金融、物流等领域的数据异常。此外，人为输入错误或误操作等操作失误也会导致数据异常，网络攻击、欺诈行为等恶意行为可能导致数据模式异常，人为篡改数据导致异常值出现等。

根据异常的表现形式和上下文关系，时间序列中的异常通常分为以下几种类型：

● 点异常（Point Anomaly）：时间序列中某个时刻或某些时刻的值超出了正常范围，通常表现为某个时间点的值突然升高或降低。例如，某一天的股票价格突然暴跌，网络流量在某一时刻突然激增，传感器在某一时刻记录了异常的高温。

● 区间异常（Interval Anomaly）：时间序列中一段连续的时间区间内的数据偏离正常范围，其中单个点可能看起来是正常的，但整体区间的值是异常的，区间异常通常反映系统的某种持续性问题。例如，某段时间内的服务器CPU使用率持续高于正常水平、某段时间内的温度数据持续异常波动、某段时间内的金融市场波动幅度过大。

● 趋势异常（Trend Anomaly）：时间序列的整体趋势发生了异常变化，与历史趋势不一致。这种异常通常发生在较长的时间范围内，可能是系统状态的根本性变化的表现。例如，某段时间内电力消耗的增长速度显著加快、传感器数据的上升趋势突然停止或反转、销售额的增长趋势突然变成下降趋势。

时间序列异常检测是指通过分析时间序列数据，识别出那些显著偏离正常模式或预期行为的数据点、数据段或模式。时间序列异常检测的核心是识别和区分时间序列数据中的“正常模式”和“异常行为”，即通过分析时间序列数据的特性，找到那些显著偏离正常模式的数据点或数据段，需要结合数据预处理、特征提取、模型选择与训练、异常检测、结果分析与解释、模型优化与部署等多个步骤。通过系统化的方法和持续改进，可以有效地识别和处理时间序列中的异常，提升时间序列分析的可靠性和安全性。

6.3.2 时间序列异常检测方法

基于密度的时间序列异常检测方法、基于机器学习的时间序列异常检测方法、基于深度学习的时间序列异常检测方法，是三类较常用的时间序列异常检测方法。

（1）基于密度的时间序列异常检测方法

基于密度的时间序列异常检测方法通过分析数据点的局部密度来识别异常点，其核心思想是通过计算数据点的局部密度，识别那些与周围的点密度差异较大的点，并将其作为异常点。具体而言，时间序列数据中正常点通常位于高密度区域，与周围点的分布一致；而异常点通常位于低密度区域，与周围点的分布显著不同。因此，基于密度的时间序列异常检测方法通过识别密度较低的点作为时间序列中的异常点，这类方法在处理非线性关系和多维数据时表现良好。常用的基于密度的时间序列异常检测方法有局部离群因子（Local Outlier Factor, LOF）、基于密度的聚类DBSCAN（第2.5节介绍过）和OPTICS（Ordering Points To Identify the Clustering Structure）、核密度估计（Kernel Density Estimation, KDE）等。

例如，核密度估计是一种非参数估计方法，不假设数据满足预先设定的分布规律，而通过建模数据本身的分布来识别低概率事件。该方法首先使用核函数将数据映射到高维空间，对数据进行平滑处理，减少数据中的随机变异或噪声，且保留重要的统计特征；然后计算每个数据点的概率密度，密度越低的数据点越可能是异常点。核密度估计方法可以对历史数据进行拟合，得到数据的概率密度（即数据的异常分数），对每个数据点的概率密度与阈值进行比较，如果概率密度小于阈值，则该点可视为异常点。

（2）基于机器学习的时间序列异常检测方法

基于机器学习的时间序列异常检测方法首先学习时间序列数据的正常模式或分布规律，然后根据数据偏离正常模式的程度来检测异常点。基于机器学习的时间序列异常检测方法主要包括模式学习和异常判断两个核心步骤。其中，模式学习通过机器学习模型得到时间序列的正常行为模式；异常判断检测出偏离正常模式的点或区间，并将其标记为异常。基于机器学习的时间序列异常检测方法又分为无监督学习、监督学习和半监督学习方法。无监督学习方法不需要标注数据，直接从数据中学习模式，适合没有明确异常标签的场景。监督学习方法需要标注正常和异常样本，通过分类模型来区分异常点和正常点。半监督学习方法仅使用正常样本训练模型，检测偏离正常行为的样本。在实际应用中，大部分时间序列数据是没有进行过标注的，下面以无监督学习方法为代表介绍基于机器学习的时间序列异常检测的主要步骤。

孤立森林（Isolation Forest）是一种无监督学习方法，通过从原始数据集中随机抽取多个子样本来训练多个基学习器，然后对这些基学习器的预测结果进行投票或汇总，得到最终的预测结果，从而提高模型的泛化能力。该方法无须假设数据分布，适合高维数据的异常检测，其核心思想是通过随机选择特征和分割点来构建孤立树，从而有效地隔离数据点，异常概率较高的、分布稀疏的点往往很快被分割到一个叶子节点空间中，不再继续分割，因为这些点在某些维度的取值过大或过小；而正常的点通常位于密度较高的簇中，需要进行多次切割才能停止，以确保每个点都独立存在于一个子空间中。孤立树的构建过程如下：

①**样本选择：**从数据集中随机采样φ个数据点作为一个子样本，用于构建一个孤立树，并将它们放入孤立树的根节点中。

②**数据分割：**随机选择一个特征，在该特征的取值范围内随机选择一个分割点，该分割点位于当前节点数据中指定特征的最大值和最小值之间。该分割点将当

前节点中的数据分成两部分，所选特征下小于分割点的数据放到当前节点的左分支，大于等于分割点的数据放到当前节点的右分支。在左右分支上反复执行该步骤。

③**终止条件：**当每个数据点被单独隔离，即节点中只有一个数据点（作为叶子节点），或孤立树已经生长到了指定的高度，则停止数据分割过程。

每棵孤立树都通过采样的方式进行训练，异常点可以通过较少的划分与其他数据点相分离，对于每个数据点，可以根据其在所有孤立树中的平均路径长度计算得到异常分数s：

$$s(x, n) = 2^{-\frac{E[h(x)]}{c(n)}} \tag{6.7}$$

其中，$h(x)$表示样本x在一棵孤立树上的路径长度，即从根节点到该样本所在叶子节点所经过的边的数量；$E[h(x)]$为样本x在所构建的多棵孤立树上的路径长度的平均值；$c(n)$表示为n个样本构建孤立树的平均路径长度。如果样本x的异常分数s接近1，说明该样本的路径长度非常小，很容易被孤立成为异常点。

可使用滑动窗口（Sliding Window）方法将时间序列数据转换为固定长度的窗口，对时间序列数据进行预处理，使其适配孤立森林的输入格式，从而实现异常检测。具体而言，给定时间序列$X = \{x_1, x_2, \dots, x_n\}$，设置窗口大小为$w$，每个窗口的特征向量为$\{x_t, x_{t+1}, \dots, x_{t+w-1}\}$，将时间序列数据转化为一个矩阵，每一行是一个窗口的向量。

例6.3 假设时间序列数据为$X = \{1, 2, 3, 4, 5\}$，窗口大小w=3，可以得到3个窗口分别为{1, 2, 3}、{2, 3, 4}和{3, 4, 5}。

如果一个窗口被识别为异常，则整个窗口中的数据在原始时间序列中都被标记为异常。窗口大小w的选择会显著影响孤立森林模型的检测结果，可以根据时间序列的特性对其进行调整，从而优化孤立森林模型的性能。

（3）基于深度学习的时间序列异常检测方法

基于深度学习的时间序列异常检测方法具有强大的特征提取和建模能力，能够处理复杂的非线性动态特性和高维数据，近年来得到了广泛关注，这类方法又分为基于自编码器、基于预测模型、基于生成模型、基于注意力机制、基于图神经网络的方法。

● 基于自编码器的方法：利用对输入数据的重构误差进行异常检测，在训练阶段使用正常时间序列数据训练自编码器，学习数据的特征表示；在检测阶段对新数据进行重构并计算重构误差，误差较大的数据点被视为异常。

● 基于预测模型的方法：通过学习时间序列的动态特性，对未来值进行预测，预测误差较大的点被视为异常。

● 基于生成模型的方法：使用正常时间序列数据训练深度学习模型，通过学习数据的分布生成类似的样本，生成新数据并计算生成误差，误差较大的点被视为异常。

● 基于注意力机制的方法：通过计算时间序列中不同时间点的重要性权重，能够捕捉时间序列的关键特征，使用正常时间序列数据训练注意力模型，对新数据进行建模，计算异常得分，得分较高的点被视为异常。

● 基于图神经网络的方法：将时间序列建模为时间点之间的图结构，通过学习时间点之间的关系来检测异常，在训练阶段使用正常时间序列数据构建图结构，训练图神经网络模型，对新数据计算异常得分，得分较高的点作为异常。

使用自编码器（第 5.2 节介绍过）进行时间序列异常检测的基本假设是，正常数据可以通过潜在空间表征，而异常数据因偏离正常分布而使重构误差显著增大。在时间序列异常检测中，自编码器被用于学习正常时间序列数据的模式。下面介绍基于深度学习的时间序列异常检测的主要步骤。

①**模型训练阶段：**将正常时间序列数据输入到模型中，编码器将输入的时间序列X压缩为低维潜在表示$Z = f_{enc}(X)$，提取输入时间序列的关键特征。解码器将编码器输出的低维潜在表示Z重构回原来的数据空间$X' = f_{dec}(Z)$，并尽可能还原正常数据的分布。训练阶段通过最小化正常时间序列的重构误差（即输入时间序列X与重构后的时间序列X'之间的误差），完成自编码器的训练。

②**检测阶段：**将测试时间序列X_{test}输入自编码器，输出重构后的时间序列X'_{test}，然后计算其误差e。设定阈值ε，若$e > \varepsilon$，则输入的测试时间序列X_{test}异常，其中，阈值的选择可以通过正常时间序列数据训练时的误差的统计分布（如 95% 分位数）确定。

基于自编码器的时间序列异常检测方法的优势在于，无须标记的数据即可学习复杂的时间依赖关系，并能有效识别出不符合已学习模式的异常情况。

6.4 时间序列聚类

时间序列聚类旨在将具有相似动态模式的时间序列数据划分为不同的类别或簇，使得同一簇内的时间序列相似，而不同簇间的时间序列不同。时间序列聚类可以帮助人们理解和探索时间序列数据的内在结构、找出相似的时间序列、发现时间序列中的模式和趋势、优化决策过程，在异常检测、模式识别、预测分析等应用中发挥着关键作用。

6.4.1 时间序列相似度度量

时间序列聚类的核心任务是将相似的时间序列划分到同一簇中，通过相似度（或距离）度量来定义“相似”，不仅量化了时间序列数据点之间的距离或相似度，还反映了隐藏在数据背后的某种结构或模式。不同的相似度度量有不同的应用场景和效果，有其独特的优点和局限性。下面介绍几种常用的相似度度量函数。

（1）一阶时间相关系数

一阶时间相关系数考虑了两个时间序列之间的相对位置和尺度，也就是使两个时间序列之间的线性关系被转换或缩放，一阶时间相关系数也能够捕捉它们之间的相关性。时间序列 $X = \{x_1, x_2, \dots, x_n\}$ 和 $Y = \{y_1, y_2, \dots, y_n\}$ 的一阶时间相关系数（CORT系数）定义如下：

$$\mathrm{CORT}(X, Y) = \frac{\sum_{i=1}^{n-1}(x_{i+1}-x_i)(y_{i+1}-y_i)}{\sqrt{\sum_{i=1}^{n-1}(x_{i+1}-x_i)^2\sum_{i=1}^{n}(y_{i+1}-y_i)^2}} \tag{6.8}$$

一阶时间相关系数的区间为 $[-1, 1]$，$\mathrm{CORT}(X, Y) = 1$ 说明序列 X 和 Y 的趋势相同，它们会同时上涨或同时下跌，并且涨幅或跌幅类似；$\mathrm{CORT}(X, Y) = -1$ 说明 X 和 Y 的上涨或下跌趋势相反；$\mathrm{CORT}(X, Y) = 0$ 说明 X 和 Y 在单调性方面没有相关性。

例6.4 时间序列 $X_1 = \{1, 2, 3, 4, 5\}$ 和 $Y_1 = \{2, 3, 4, 5, 6\}$ 都呈上涨趋势，且上涨

的幅度为1（即相邻两项之差为1），根据式6.8计算其一阶时间相关系数CORT（X_1, Y_1）= 1。对于时间序列X_2 = { −1, −2, −3, −4, −5 } 和Y_2 = { 2, 3, 4, 5, 6 }，X_2呈下跌的趋势、跌幅为1，而Y_2呈上涨的趋势、涨幅为1；计算得到CORT（X_2, Y_2）= −1，说明X_2和Y_2变化趋势相反。

一阶时间相关系数可以识别两个时间序列变化趋势间的相似性，但该方法仅适用于平稳时间序列，不能捕捉非线性关系，且要求两个时间序列是等长的。

（2）距离函数

与时间序列相似性度量函数类似，时间序列距离函数也可以衡量两个或多个时间序列的相似性。不同于简单的相似性度量方法，距离函数通常具有数学严谨性，并能捕捉时间序列之间更为复杂的相似性或不同特点。在数学上，距离函数需要满足非负性、对称性和三角不等式。时间序列$X = \{x_1, x_2, \dots, x_n\}$和$Y = \{y_1, y_2, \dots, y_n\}$的$L^p$（$p \in [1, +\infty]$）距离定义为：

$$d_{L^p}(X, Y) = \left(\sum_{i=1}^{n} |x_i - y_i|^p\right)^{\frac{1}{p}} \tag{6.9}$$

特别地，$p = 1$ 时式 6.9 称为曼哈顿距离，$p = 2$ 时式 6.9 称为欧式距离，这是两种常用的距离函数。两个时间序列间的距离函数度量值越大，则说明它们之间的差异性越大；若两个时间序列间的距离度量值越小，则说明它们越相似。与一阶时间相关系数类似，距离函数也需要两个时间序列是等长的。

6.4.2 时间序列聚类方法

时间序列聚类的核心思想是将具有相似模式或行为的时间序列分组，使得同一组内的时间序列相似度高，而不同组间的时间序列相异性高。常用的时间序列聚类算法有K-均值聚类、层次聚类、基于密度的聚类等。其中，K-均值聚类使用距离函数度量时间序列的相似性，通过最小化簇内的平方误差将时间序列数据分为K个簇，该算法简单高效、适合大规模数据，但需要提前指定簇的数量。基于K-均值的时间序列聚类算法具有K-均值聚类方法的简单性，K-均值聚类算法在第 2 章介绍过，这里不做赘述。在使用K-均值算法对时间序列进行聚类前，需对数据进行预处理，确保不同时间序列在同一尺度上可进行距离计算。

思考题

1. 结合实际应用场景，简述时间序列数据的特点，以及时间序列分析的目标和主要步骤。

2. 简述时间序列预测的核心思想和基本假设。

3. 简述时间序列平稳性的概念，以及建模前需要检验时间序列平稳性的原因。

4. 简述时间序列异常产生的原因和异常的类型，以及时间序列异常检测的主要任务。

5. 简述时间序列聚类的核心思想，以及基于K-均值的时间序列聚类方法的步骤。

6. 假设原时间序列为$X = \{1, 4, 9, 16, 25, 36, 49, 64\}$，分别计算该序列经过一阶差分、二阶差分后的序列，给出计算过程。

7. 假设时间序列为$X = \{1, 3, 4, 6, 7, 9, 10, 12, 13, 15, 16, 18, 19\}$，以滞后步数为3，给出构造时间序列$X$的滞后特征的过程。

8. 计算时间序列$X = \{1, 2, 3, 4, 5\}$和$Y = \{2, 4, 6, 8, 10\}$的一阶时间相关系数，并说明它们之间的相关性。

9. 某股票日收盘价序列存在明显趋势和季节性波动，请给出适合对其进行建模并进行股票价格预测的方法，并比较其优缺点。

10. 某服务器的流量时间序列中突然出现一个峰值，请给出两种时间序列异常检测方法，简述如何区分该峰值是短暂噪声还是潜在攻击的基本思想。

7 计算机视觉

自动驾驶系统、农业无人机、工业质检系统等应用的突破，得益于计算机视觉技术的持续演进，包括从传统特征描述算子到深度特征学习、从单目视觉到多传感器融合、从监督学习到自监督范式迁移。图像作为人类感知世界的重要载体，具有信息密度高、语义丰富、场景复杂等特点，成为计算机视觉的重要研究对象。图像分类（Image Classification）是计算机视觉的基石，教会机器识别图像中的抽象概念；目标检测（Object Detection）进一步要求模型在识别物体类别的同时精准定位物体在图像中的位置，为自动驾驶、智能安防等场景提供技术支撑；图像分割（Image Segmentation）通过像素级的精细划分，将图像解构为具有独立语义的组成部分，在医疗影像分析和遥感图像处理等领域具有不可替代的价值；图像生成（Image Generation）则突破了传统视觉任务的边界，使机器能够根据文本描述或语义概念创造出逼真的图像，为艺术创作和虚拟现实提供了新的手段。本章以图像的智能化处理为主线，介绍图像分类、目标检测、图像分割和图像生成四类核心任务及代表性模型。

7.1 图像分类

7.1.1 图像分类概述

图像分类是计算机视觉领域的核心任务，旨在根据图像的内容、颜色、纹理、形状、空间关系等特征将其划分到预定义的类别。图像分类算法通过对各项特征进行学习和分析，建立起图像与类别间的映射关系。例如，图 7.1 给出通过识别图像中的猫或狗而得到图像类别的例子。图像分类对于不同领域图像的理解和分析具有重要意义。在医学影像领域，图像分类可以帮助医生快速识别病变区域，提高诊断效率和准确性。在自动驾驶领域，图像分类可以识别道路、车辆、行人等障碍物，为车辆行驶提供安全的路径。在安防监控领域，图像分类可以实现对异常行为的自动检测，提高监控系统的智能化水平。与传统的图像分割任务相比，图像分类更侧重于全局特征的提取和类别的判断，而不需要对图像进行精细的划分，其精度和效率往往受到特征提取方法和分类算法的影响。

图 7.1　图像分类示例

传统图像分类方法主要依赖于手工设计的特征和分类器，主要包括特征提取、特征选择和分类器设计三个步骤。特征提取从图像中提取出颜色、纹理特征和形状特征等具有代表性和区分性的特征；特征选择从提取的特征中获取最具代表性的特征子集以减少计算复杂度、提高分类性能；使用支持向量机、决策树、随机森林等分类方法，根据选择的特征对图像进行预测分类。然而，传统方法往往受限于特征提取的能力和分类算法的泛化性能，难以处理复杂多变的图像数据。

基于深度学习的图像分类方法，通过多层非线性变换来学习数据的抽象表示并完成类别划分，以卷积神经网络（CNN）及其变体为模型基础，结合各种训练技巧和结构创新，不断提升准确率和效率，以适应不同的应用场景和需求。主要涉及以下几个方面：

● 核心网络框架：包括AlexNet（首个在ImageNet竞赛中表现突出的CNN）、牛津大学视觉几何组提出的VGGNet、Inception系列、残差网络（Residual Network, ResNet）、稠密连接网络（Densely Connected Convolutional Network, DenseNet）、高效卷积神经网络EfficientNet、视觉Transformer（Vision Transformer, ViT）等。

● 关键技术：包括旋转、翻转、裁剪等增加数据多样性等数据增强技术，以防止过拟合；使用迁移学习技术，利用ImageNet预训练模型进行微调，以适应小数据集任务；引入注意力机制，以提升关键特征权重；采用模型轻量化策略，以降低计算成本。

● 模型训练与优化：主要使用交叉熵损失函数、Adam、随机梯度下降等优化器，以及Dropout、L2 正则化、批量归一化等策略。

下面以基于ResNet的图像分类方法为代表，介绍基于深度学习的图像分类方法。

7.1.2 基于ResNet的图像分类

ResNet是一种经典的CNN结构，通过引入残差连接（Residual Connection）（即引入“跳跃连接”将输入直接传递到后续层的输出端），使网络的每一层都可以直接接收来自浅层的信息，无须从头开始学习所有特征。ResNet网络层数能轻松突破百层，从而更深入地学习图像的特征，在图像分类任务中取得了显著的效果，成为许多实际应用的首选模型。

（1）ResNet框架

基于ResNet的图像分类模型通过堆叠多个相似的残差块（由残差连接组成的神经网络模块），让模型层层深入理解图像特征。每个残差块包含若干层用于提取图像特征的卷积运算，并在处理过程中通过跳跃连接的方式将输入数据直接传递到后面的输出端，以有效缓解深层网络训练时信号衰减的问题，使网络即使达到几十甚至上百层时仍能稳定训练。如图 7.2 所示，模型的工作流程可分为三部分：首先，输入图像经过初始卷积层提取边缘、颜色等基础特征；然后，多个残差块逐级提取纹理、部件、完整物体等更复杂的特征，每级特征都通过跳跃连接保留原始输入信息；最后，顶部的全连接层根据所有特征计算图像属于各个类别的概率，完成分类任务。这种跳跃连接的结构在保持高精度的同时，显著提升了深层网络的训练效率。

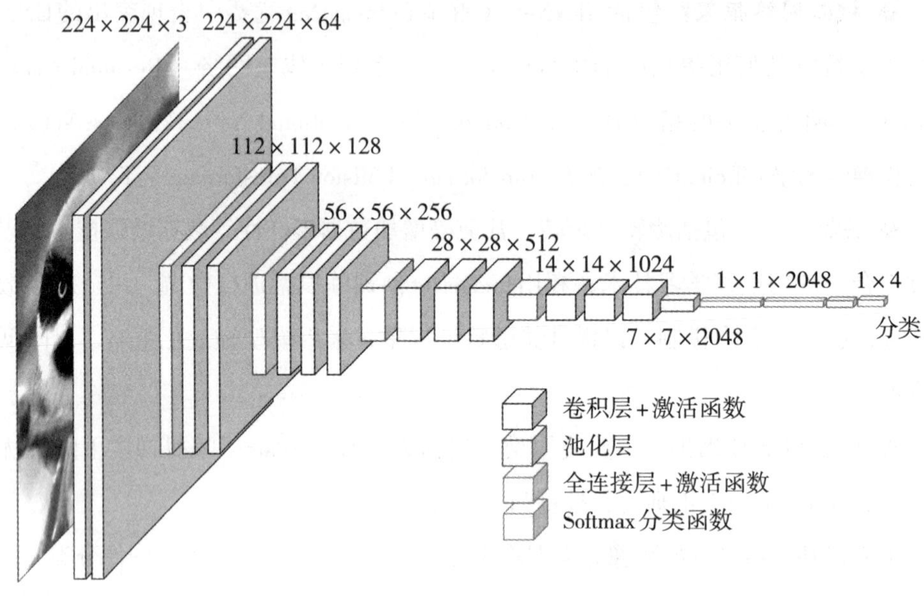

图 7.2　基于ResNet的图像分类模型框架

● 输入层：输入的图像数据，一张图像在计算机中通常采用矩阵形式来存储，并由RGB三个通道叠加而成。一张图像通常存储为（长 × 宽 × 通道数）的多维矩阵，也称为特征图。其中的数值表示RGB通道的256级亮度值，如图7.3所示。

图 7.3　输入图像及其对应的特征图形式

● *初始卷积层*：通常包含一个较大的卷积核（如 7×7），通过快速扫描图像进行初步特征提取、获得最明显的特征，并压缩图片尺寸。

● *激活函数*：常用的激活函数为线性整流函数（Rectified Linear Unit, ReLU）及其变种，将负值置为 0、保留正值，即 ReLU(x)=max{0, x}。

● *残差块*：ResNet 的基本构建单元，包含多个用于提取图像特征的卷积层。与传统的卷积层不同，残差块通过跳跃连接将输入直接传递到输出，使输出变成输入 **X** 和卷积层输出 f(**X**) 的总和，如图 7.4 所示。

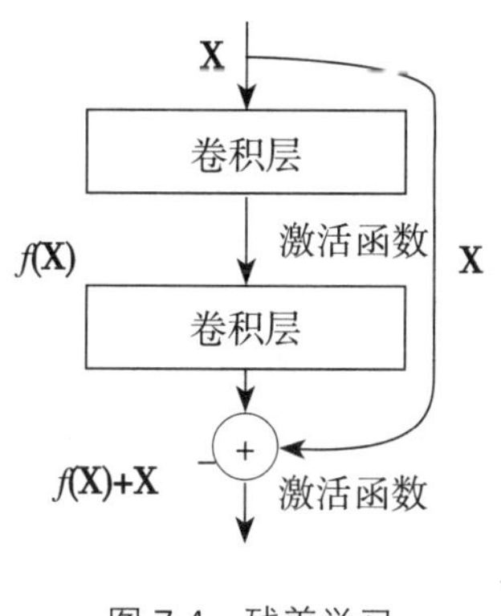

图 7.4 残差学习

● *层级堆叠*：网络分为多个阶段，每个阶段包含多个残差块，每个阶段图片尺寸逐渐缩小，而特征维度逐渐增加。例如，像素从 224×224 逐渐压缩到 7×7，特征从 64 种逐渐增加到 2048 种。

● *全局平均池化层*：对最后阶段的 7×7 尺寸特征图取每个通道的平均值，压缩为单个数值，大幅减少了参数数量。

● *分类层*：将全局平均池化的结果输入全连接层，使用 Softmax 这一多分类任务的激活函数输出图片属于每个类别的概率。

（2）图像分类步骤

①**图像预处理：**为确保模型能够有效处理输入图像，通过尺寸调整将输入图像缩放为 ResNet 的默认输入尺寸，通常为 224×224 像素，以确保图像的宽和高符合模型要求、避免维度不匹配。若原始图像为灰度图或其他格式，通过通道标准化将图像转换为 RGB 三通道格式。例如，若原始图像为 512×512 的灰度图，可基于双线

性插值将尺寸缩放至 224 × 224 像素，然后利用通道标准化将其转换为 224 × 224 × 3 的RGB三通道格式。最后，基于数据集的均值和标准差对图像进行归一化。

②**特征提取：**基于ResNet的残差结构可以从输入图像中提取深层特征，输入图像依次通过初始卷积层、激活函数、多层堆叠的残差块，最终输出的特征图维度为 7 × 7 × 2048。

③**全局平均池化：**对于提取的特征图，利用全局平均池化对其每个通道计算平均值，将降低其空间维度并转换成维度为 1 × 2048 的特征向量。

④**分类预测：**对于包含n个类别的图片分类任务，将特征向量输入包含n个输出神经元的全连接层，使用Softmax函数将全连接层的输出转换成维度为 $1 \times n$的概率分布向量，其中的每个维度的值表示图像属于其对应类别的概率，选择概率最大的类别作为该图像的最终分类结果。

例 7.1 以图 7.5 所示的 9 幅包含“曲嘴森莺”“黑燕鸥类”“凤头鹦鹉”和“红头长尾山雀”四类鸟类标签的图片为训练集，基于ResNet进行鸟类图像分类的步骤如下：

①将输入图像的尺寸变成模型标准化的 224 × 224 × 3 大小，并将像素值归一化处理，使得像素值大小从[0, 255]变换到[0, 1]。

②将预处理之后的图像构造为训练集和验证集。导入包含 1 个初始卷积层、16 个残差块和 1 个全连接层的ResNet，其中每个残差块包含 3 个卷积层。根据鸟的类别数将其输出层神经元个数改为 4，按照前述方法训练ResNet模型。

曲嘴森莺

黑燕鸥类

曲嘴森莺

黑燕鸥类

凤头鹦鹉

曲嘴森莺

红头长尾山雀

红头长尾山雀

黑燕鸥类

图 7.5　输入图片及其标签

③采用和训练集相同的处理方式，将待分类图片输入训练好的ResNet模型，得到最终输出结果[0.0315, 0.6265, 0.2057, 0.1363]，选取其中的最大值0.6265所对应的类别，最终预测结果为“红头长尾山雀”，如图7.6所示。

图7.6 鸟的类别预测结果及评分

7.2 目标检测

7.2.1 目标检测概述

使用手机拍照时，相机能自动框出人脸；自动驾驶汽车能识别路边的行人和车辆，这些“智能视力”的背后，都离不开目标检测算法这一计算机视觉领域中的核心任务。目标检测是图像分类方法的进阶，不仅要求识别出图像中特定的目标物体，还要求精确标定其位置。如图7.7所示，在移动通信基站建设中，使用目标检测模型对摄像头采集到的图像中的人员及其所佩戴的安全帽等目标进行检测，有助于确保施工规范、加快检测效率、减少人工检测成本。目标检测模型应用非常广泛，在日常生活、交通与安全、医疗健康、农业生产、工业制造等各个领域，通过机器视觉代替人类视觉，提升检测精度和效率、大幅降低人力成本。

图 7.7　安全帽佩戴检测

目标检测技术的研究和应用由来已久，传统目标检测技术主要包括区域选择、手动特征提取、分类器分类等步骤，但此类方法往往难以准确识别目标的多样化特征。随着深度学习技术的快速发展，以卷积神经网络为代表的深度神经网络通过强大的特征提取能力推动了目标检测技术的快速发展。基于卷积神经网络的目标检测包括目标分类和目标定位两个任务。目标分类任务判断输入图像中是否包含需要检测的目标类别，目标定位任务则确定输入图像中目标类别的具体位置，并输出目标的边界框来表示具体的位置信息。围绕这两个任务，可将目标检测方法分为两阶段方法和一阶段方法。两阶段方法将目标检测任务分为两个阶段，先生成目标物体的边界框，再对其类别进行预测。一阶段方法将边界框定位问题转化为回归问题进行处理，直接计算目标的类别和边界框坐标。因此，两阶段方法通常比一阶段方法具有更高的准确率，而一阶段方法比两阶段方法具有更高的效率。

7.2.2 基于YOLO的目标检测

YOLO（You Only Look Once）是高效率、高精度的目标检测模型，自 2015 年最初的YOLO v1到2024年最新的YOLO v12，模型主干网络不断升级、推理速度和检测精度逐步提升，同时模型复杂度和资源要求也不断提高，体现了学界和业界在模型网络结构、训练策略、特征融合、损失函数设计等方面的不断探索和突破。YOLO系列模型的核心思路在于，将目标检测看作单阶段的回归问题，在无人驾驶、视频监控、机器人视觉等实时性要求较高的场景中得到广泛应用。

下面以CNN为骨干网络的YOLO模型为代表，介绍经典的一阶段目标检测方法。YOLO将目标分类和目标定位两个任务合并为一个回归任务，可直接从完整的图像中预测目标类别和边界框坐标。

(1) YOLO框架

1）YOLO结构

YOLO采用端到端的单阶段目标检测架构，其核心处理流程包含三个关键阶段。首先，输入图像被统一调整为448×448×3的标准化尺寸，这是由于标准彩色图像格式通常由红绿蓝（RGB）三个通道叠加而成，而448×448的分辨率保留了图像足够的细节。图像基于卷积神经网络进行多层次特征提取后生成7×7×1024的特征，同时提取1024维向量蕴含的高阶特征。然后，该特征图通过两个全连接层进行空间降维与特征融合，最终生成7×7的网格化检测结果。这种结构使每个网格单元同时具备目标定位与分类能力，7×7网格的协同输出形成覆盖全图的检测矩阵。YOLO框架如图7.8所示。

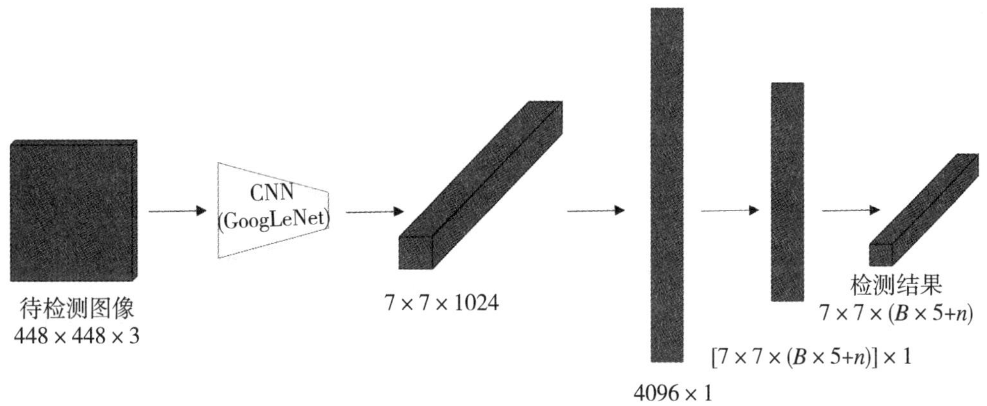

图 7.8 YOLO框架结构

2）卷积神经网络结构

YOLO中的卷积神经网络如同人类视觉系统中的眼睛与大脑初级处理区域，旨在从原始图像中自动提取具有辨识度的特征模式，主要包含输入层、卷积层、池化层和全连接层，通过不同层级的组合可构建不同的卷积神经网络，对图像实现不同的处理任务。下面分别介绍其核心模块。

①**卷积层：**卷积层是卷积神经网络的核心层级，可对输入特征图进行特征提取。每个卷积层中与输入特征图进行卷积运算的结构称为卷积核，输入特征图与卷积核进行卷积计算，得到输出特征图。对于图像数据，卷积计算是在图像空间上翻转、滑动卷积核，从而提取图像的特征。为了减少不必要的翻转开销，在卷积神经网络的具体实现中，通常以互相关（Cross Correlation）计算代替卷积计算，具体为卷积核中所有作用点依次与输入特征图中的像素点相乘并相加得出结果，如图7.9所示。一个卷积层中通常包括多个卷积核，其参数可通过学习得到。与其他神经网络模型相比，卷积层中的互相关计算能高效地提取图像中的特征并减少计算量。

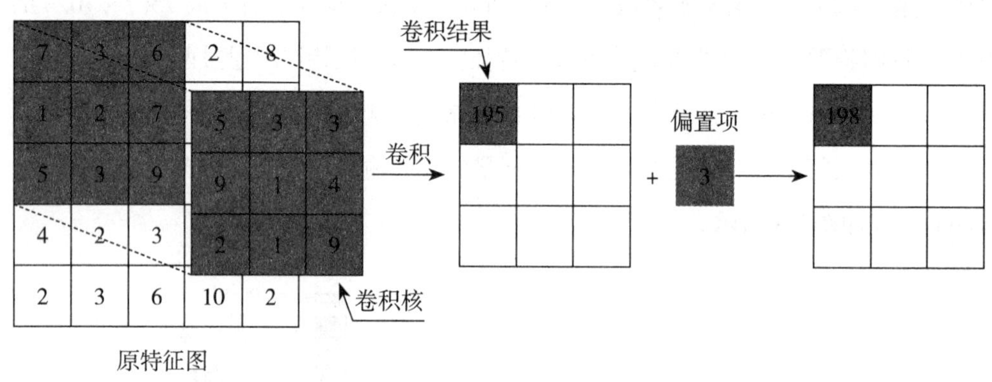

图7.9　互相关计算

在卷积计算中，深度是指特征图的通道数量，每个卷积层输出特征图的深度与卷积计算的卷积核数量一致；步长用来描述卷积核移动的间隔；填充是指对特征图边缘添加适当数目的行和列，旨在使卷积核能完整地覆盖特征图。

②**池化层：**池化是将特征图进行压缩抽象的步骤，常见的池化操作包括最大池化和平均池化。最大池化在对应区域内取最大值作为输出，平均池化取对应区域

内的平均值作为输出。池化层可降低网络模型的计算量，避免过拟合。步长为 2 的 2×2 最大池化操作如图 7.10 所示，即取出原特征图中每 2×2 个位置的最大值。

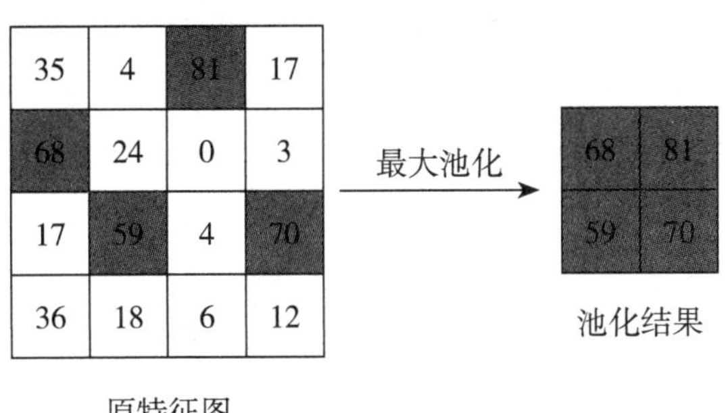

图 7.10 最大池化

③**全连接层**：全连接层通常作为卷积神经网络的输出层级，旨在将高维的特征图通过全连接操作映射成低维数据，进而实现图像分析任务。全连接操作通过互相关计算实现。例如，对于输入的长、宽为a，深度为b的特征图（$a\times a\times b$），全连接操作可转化为该特征图与c个同样长、宽为a，深度为b的卷积核进行的卷积计算，生成$c\times1$维的输出向量。

（2）YOLO推理的基本步骤

由特定数据集训练完成的YOLO模型，可将模型参数应用于特定的视觉数据分析任务。例如，由安全帽佩戴数据集所训练完成的YOLO模型，可加载其模型参数，对新的图像数据进行是否正确佩戴安全帽的自动检测。

①**图像预处理**：基于YOLO网络结构，将输入图像的长宽均缩放为固定值 448 以获取固定大小的输出特征图。具体缩放方法为长宽等比例缩放，即图像中最长的边缩放到 448 像素，对短边不满 448 像素的位置使用灰色填充。

②**设置边界框**：将缩放后的图像划分为 7×7 的网格，每个网格中设置B个边界框，负责检测目标。

③**输出特征图**：特征图输出过程专注于将深层特征转化为检测结果。

④**非极大值抑制**：根据预测得到的（x, y, w, h）、C及所属类别概率，利用非极大值抑制（Non-Maximum Suppression, NMS）方法进行筛选，得到最有可能包含目标

的边界框。两个边界框的交集面积与并集面积的比值称为交并比（Intersection over Union, IoU），用于度量两个边界框的交叠程度，如图 7.11 所示。非极大值抑制首先从边界框集合中取出 C 最大的边界框作为输出；然后逐一计算其余边界框与输出边界框的IoU，将IoU大于给定阈值的边界框从边界框集合中移除。重复上述步骤直至边界框集合为空，输出的边界框即为最有可能包含目标的边界框。

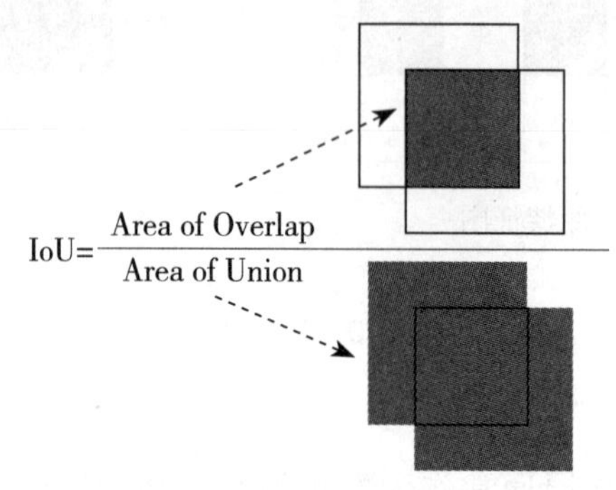

图 7.11　IoU计算

例 7.2　以YOLO算法检测图像中的目标（鸟）为例，如图 7.12 所示。将输入图像缩放为 448 × 448 × 3，并划分为 7 × 7 的网格（如图中Image 1 所示）。将处理后的图像输入YOLO模型中进行特征提取，每个网格采用 2 个边界框检测目标（B=2），由于目标仅有鸟，因此 n = 1，最终输出特征图的维度为 7 × 7 × (2 × 5+1)，如图中Image 2 所示。输出特征图共能检测出 98 （7 × 7 × 2）个边界框，将 98 个边界框通过NMS方法进行筛选，最终得到像素点第 4 行第 5 列所对应的边界框为最可能属于鸟的边界框及其属于鸟的概率为 0.98，如图中Image 3 所示。

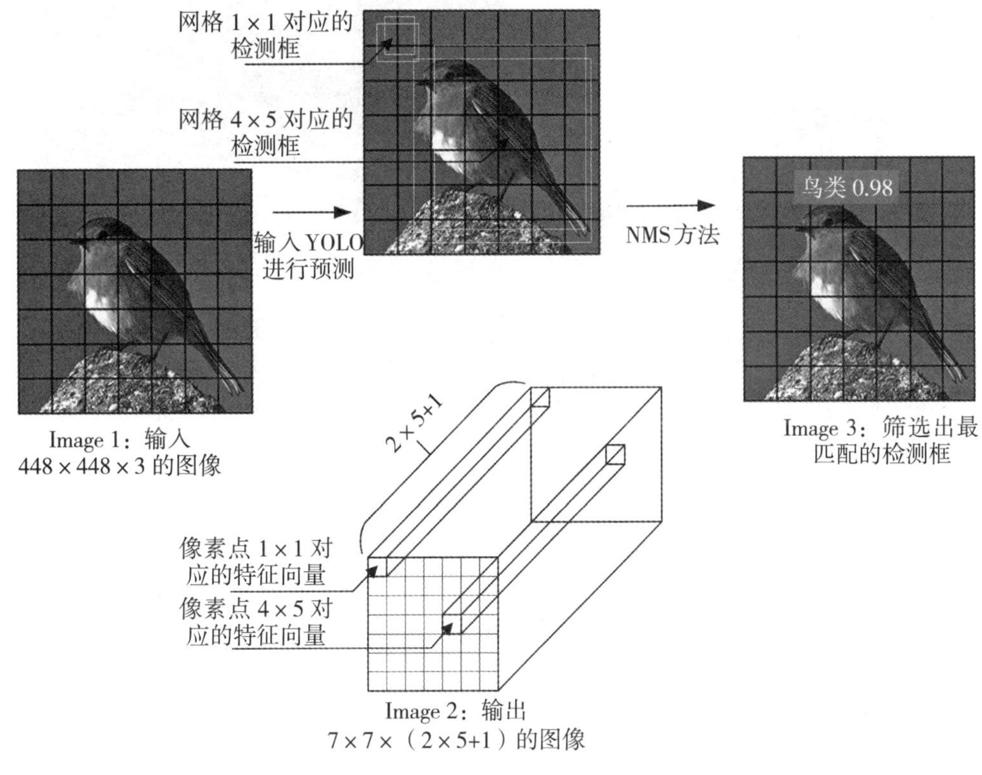

图 7.12 基于 YOLO 算法的目标检测

7.3 图像分割

7.3.1 图像分割概述

图像分割是指根据灰度、彩色、空间纹理、几何形状等特征把图像划分成若干个互不相交的区域，使得这些特征在同一区域内表现出一致性或相似性，而在不同区域间表现出明显的不同，如图 7.13 所示。图像分割有助于区分图像的组成部分，为图像的后续处理和应用奠定基础。例如，在医学影像领域，绝大多数人体的影像数据都可分割成不同的器官、组织类型或疾病症状，分割好的区域可很好地辅助医生减少运行诊断所需的时间。

图 7.13　图像分割示例

与目标检测类似，图像分割的研究和应用由来已久。在深度神经网络崛起之前，主要的图像分割技术包括阈值分割、区域分割、边缘分割、纹理特征和聚类等，这些传统的方法往往需相互结合起来使用才能取得较好的分割结果。自深度神经网络得到关注并被广泛应用以来，卷积神经网络成为图像分割最核心的支撑技术。基于深度学习的图像分割，旨在将图像划分为多个具有语义意义的区域或对象，常用的方法包括：

- 基于全卷积网络（Fully Convolutional Network, FCN）的方法：将传统CNN中的全连接层替换为1×1卷积层，使网络能够接受任意尺寸输入，并输出与输入尺寸一致的分割结果，解决传统方法存在的特征图分辨率降低、丢失细节信息的问题。
- 基于U-Net的方法：通过具有对称编码器—解码器结构的卷积神经网络U-Net实现高精度像素级预测，编码器提取图像从局部到全局的多尺度特征，解码器逐步整合这些信息。
- 基于DeepLab系列的方法：解决传统CNN对物体尺度变化的敏感性，实现了多尺度上下文建模与高精度分割，广泛应用于医学、自动驾驶、遥感等领域。
- 基于Mask R-CNN的方法：直接生成每个目标实例的二进制掩膜（Mask），同时实现目标检测和像素级分割，包括预测每个候选区域的类别、微调候选区域的位置和大小，以及为每个候选区域生成二进制掩膜三个核心步骤。

● *基于Transformer的方法*：通过自注意力机制和全局上下文建模，能捕获长距离依赖关系，解决了传统卷积神经网络仅能捕获相邻像素的局部信息、难以建模全局上下文的问题，在高分辨率图像分割任务中表现优异。

基于卷积神经网络的图像分割聚焦到具体的每一个像素，对每一个像素赋予一个语义标签，因此，这类图像分割可分为语义分割和实例分割两类。语义分割是对所有的图像像素执行像素级标记，即为每个像素分配一个类别，但不区分同一类别中的对象。实例分割将目标检测和语义分割相结合，通过检测和描绘图像中的每个感兴趣的对象进一步扩展语义分割范围，即需区分同一类别中的不同对象。相比语义分割，实例分割发展较晚，因此实例分割算法大多基于CNN实现，且分割精度和效率逐渐得到提升。下面以Mask R-CNN这一经典的实例分割算法为代表，介绍图像分割技术及实现过程。

7.3.2 基于Mask R-CNN的图像分割

Mask R-CNN实例分割方法在目标检测的基础上再进行图像分割，概念简单、灵活，不仅可高效地检测出图像的目标，且对每个目标生成一个高质量的分割掩膜。

（1）Mask R-CNN框架

Mask R-CNN通过两个协同阶段完成检测与分割任务：

第一阶段接收输入图像后，首先提取整体特征图。例如，生成包含物体空间分布与纹理信息的高维特征图。在特征图的每个位置生成如 128×128、256×256 等多个预设尺寸的候选框，并使用区域提案网络（Region Proposal Network, RPN）计算每个候选框包含目标的概率，以剔除低概率的无效框并保留可能包含目标的候选区域（Region of Interest, RoI）。例如，在校园场景中，RPN会筛选出包含行人、车辆、树木等物体的候选框。这些候选区域经过位置校准处理，确保不同尺寸的目标区域被统一调整为固定大小的特征表示，为后续分析提供标准化输入。

第二阶段对校准后的候选区域同时执行分类、回归、分割三项任务。首先，分类任务判断候选区域是否包含目标物体（如汽车和行人）；其次，回归任务微调边界框的精确位置（如调整车轮的坐标偏差）；最后，分割任务通过加入全连接卷积网络（替代传统卷积神经网络的全连接层、允许任意尺寸输入），为每个候选区域生成二值化掩膜图，该掩膜图通过全卷积网络逐像素预测，将属于目标物体的所有位置标记为 1，背景区域标记为 0。例如，在处理足球比赛图像时，模型不仅能识别出球员的类别，还能生成精确的球员轮廓掩膜，区分球员与球衣号码的细节差异。这种设计使系统不仅能识别物体类别和位置，还能精确勾勒出物体的轮廓边界，实现像素级的目标分割。Mask R-CNN 框架如图 7.14 所示，下面分别介绍其中的关键模块。

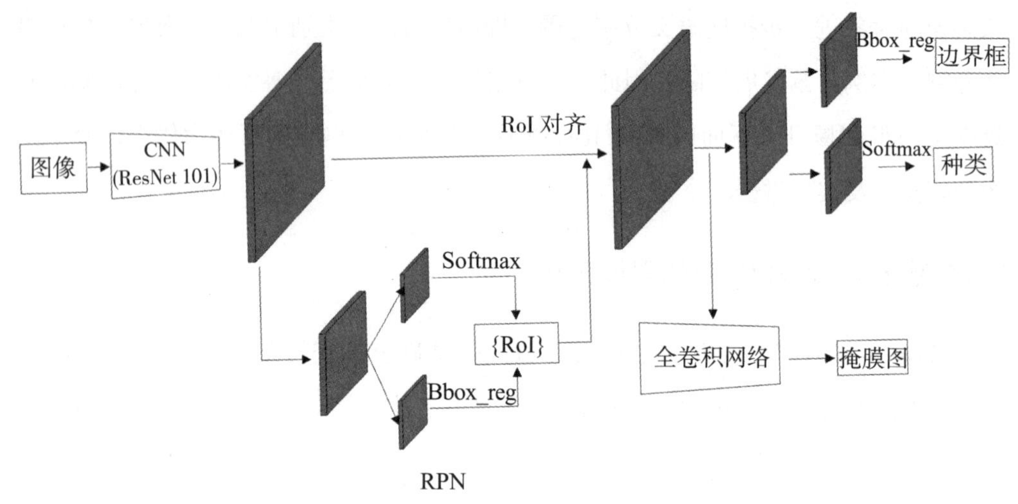

图 7.14　Mask R-CNN 框架

①**RPN 结构：**RPN 是 Mask R-CNN 中用于快速筛选目标区域的模块，本质是一个轻量的神经网络，其核心功能是通过滑动窗口在特征图上逐区域扫描，预测每个候选框是否包含目标，并调整其位置。具体而言，RPN 对特征图上的每个位置生成多个不同尺寸的预设锚框，每个锚框会得到两个关键信息。一个关键信息是，该框内包含目标的可能性，称为前景概率。若前景概率高，则锚框框选的部分为目标，否则框选的部分是背景，包含背景的可能性称为背景概率，由如图 7.14 中所示的 Softmax 模块实现。另一个关键信息是，需要调整的坐标偏移量，事先设定的锚框可能并未完美地位于目标中心，因此，RPN 评估了锚框中心点坐标、宽和高的变化，以精调锚框来更好地拟合目标。例如，当锚框中心偏离真实目标时，系统会计算出

向左移动 3 个像素、向下调整 2 个像素的修正值。由图 7.14 中所示的Bbox_reg模块实现。

②RoI对齐：目标检测中不同大小的RoI需要统一尺寸才能进行后续处理。传统的RoI池化方法像裁剪照片一般将RoI强行拉伸导致变形，这种切割会导致像素错位并造成细节丢失。Mask R-CNN采用RoI对齐解决上述问题，当需要缩小 5×7 区域时，系统会在原图上智能采样关键点，通过插值算法生成平滑过渡的新像素，即在缩放过程中对关键点采样，并通过周围像素的加权平均计算新坐标值以避免量化误差，使分割模块能更精准地识别物体边界、保持边缘清晰度，显著提升实例分割的准确率。

③FCN结构：FCN是一个经典的语义分割结构，可对一张图片上的所有像素点进行分类，即实现对图像中目标的准确分割。FCN是一个端到端的网络，主要执行过程包括卷积和转置卷积（或反卷积），即先对图像进行卷积和池化，使其特征维度的大小逐渐减小；然后进行转置卷积（即插值），不断增大其特征图，直至和原始图像输入一致。最后对每一个像素点进行分类，得到和原图具有相同大小的掩膜图，从而实现对输入图像中目标的准确分割，结构如图 7.15 所示。

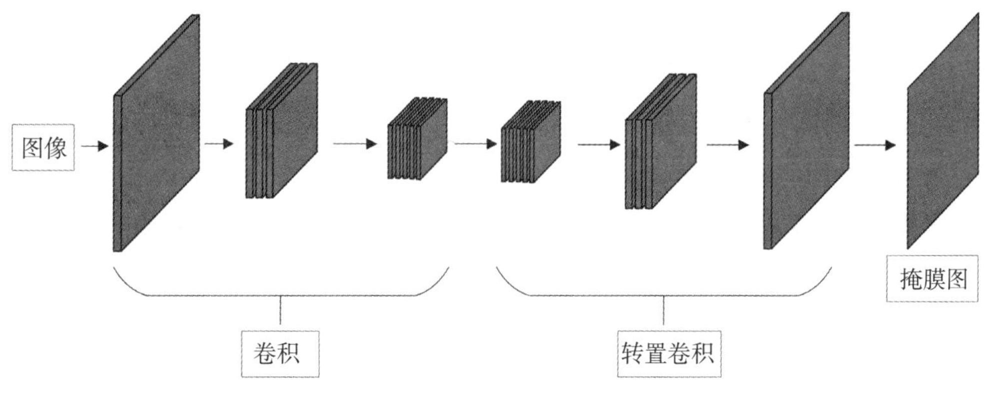

图 7.15 FCN结构

（2）Mask R-CNN推理

①待分割图像预处理：预处理的第一步是把所有输入图片调整成统一的格式，方便模型批量处理。由于网络会多次对图像进行四分之一的特征提取操作，将输入

的待分割图像维度统一调整为 $1024\times1024\times3$，把宽和高均缩放为 32 的倍数，保证图像在处理过程中始终完整对齐，其中，1024 表示输入图像的宽和高、3 表示 RGB 图像的通道数。

②**图像特征提取**：Mask R-CNN 中使用残差网络 ResNet 101 对输入图像进行特征提取，得到维度为 $32\times32\times2048$ 的特征图。

③**锚框集合生成**：锚框是在特征图的像素点预先设定的一系列框。针对锚框进行分类和微调，找到与目标最接近的真实框，以实现对目标的检测和分割。在 Mask R-CNN 中，特征图宽高维度为 32×32，可表示为 1024（32×32）个像素点，每个像素点设置 3 个候选锚框。为此，共需设置 3072（1024×3）个锚框，记为锚框集合 Bbox。

④**候选 RoI 分类**：将锚框集合 Bbox 中所有的锚框输入 RPN 后，筛选剩余的锚框称为 RoI，每个 RoI 属于前景和背景的概率分别记为 β_1 和 β_2，且 $\beta_1+\beta_2=1$。模型会过滤掉 β_2 较高的锚框，仅保留 β_1 较高的候选区域 RoI。记每个 RoI 的偏移值为 δ，模型根据 δ 值对这些区域的坐标进行微调，从所有候选区域中选取 α 个置信度最高的区域作为最终 RoI 集合。

⑤**RoI 对齐**：将经过筛选的 α 个 RoI 输入该模块后，模型首先根据 RoI 对齐，将原始 RoI 划分为均匀分布的采样点；随后通过双线性插值法计算每个采样点的特征值，生成分辨率一致的 7×7 特征图。

⑥**RoI 分类、边界框回归和分割**：在目标检测的最后阶段，Mask R-CNN 会对筛选后的 RoI 进行分类、边界框回归和分割的协同处理。这三个并行流程共享底层特征数据，分类模块确定物体类别，定位模块修正边界框坐标，分割模块描绘物体轮廓，共同实现从粗筛到精修的端到端实例分割。

例 7.3 图 7.16 给出基于 Mask R-CNN 的图像分割示例。首先，将输入图像维度缩放为 $1024\times1024\times3$，并使用 ResNet 101 模型提取维度为 $32\times32\times2048$ 的图像特征，其中包含 1024（32×32）个像素点，为每个像素点设定 3 个锚框，共 3072（1024×3）个锚框，并记录每个锚框的坐标，得到锚框集合 Bbox。其次，使用 RPN 网络对 Bbox 中的每个锚框进行初步筛选，每个锚框能得到一个前景概率值 β_1 和背景概率值 β_2，将其中 β_1 最大的 α 个锚框作为 RoI，并调整对应 RoI 位置和大小，使用RoI对齐模块将其维度统一为 7×7 大小，并对所有RoI均进行分类、边框回归和分割任务。最后，输出的分类结果共5个目标，边界框回归为5个目标各自对应的4个边界框坐标以及对应的分割掩膜图。

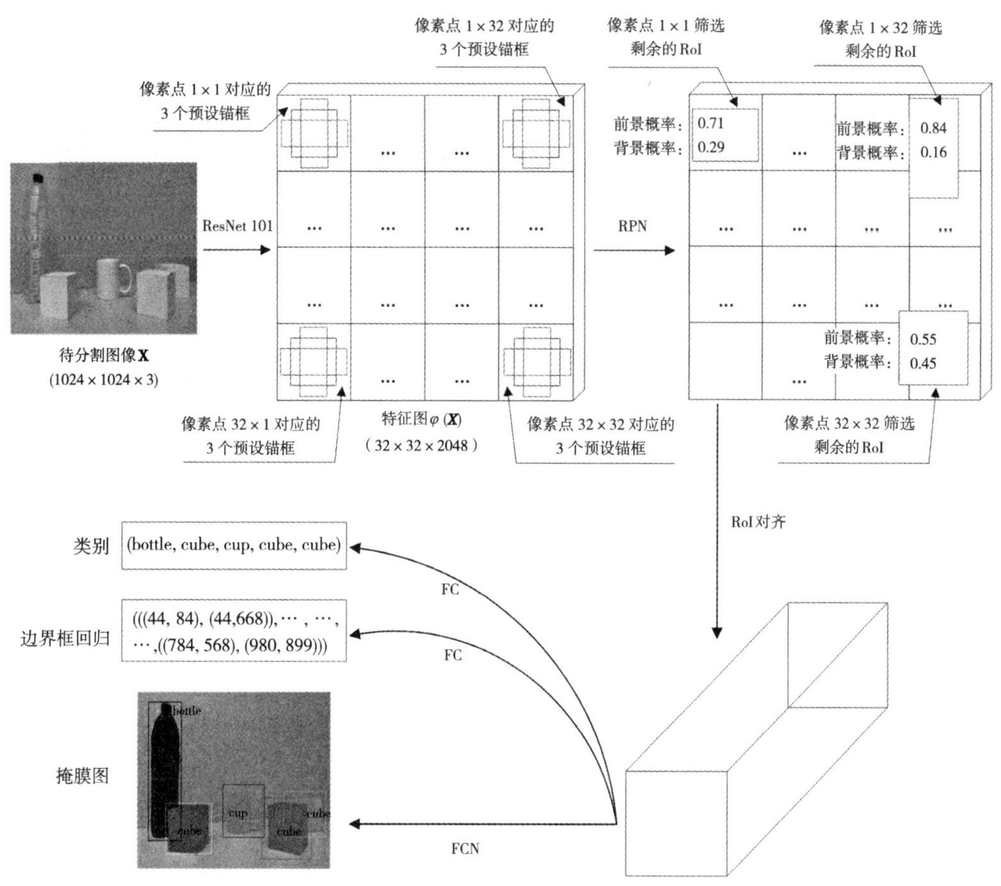

图 7.16　基于Mask R-CNN的图像分割示例

7.4 图像生成

7.4.1 图像生成概述

图像生成是通过使用计算机模型或方法从无到有自动生成图片的过程，生成的图片可以是真实的照片、绘画、3D渲染，也可以是完全虚构的奇幻风景、现实中不存在的人脸等，广泛应用于艺术设计、虚拟内容创作、辅助科学研究等场景。图像生成技术通过构建复杂的神经网络来模拟图像的生成过程，核心在于模拟人眼对视觉信息的处理过程，利用模型将抽象的数据转化为具体的图像。天文学家利用图像生成技术模拟生成黑洞的照片，如图 7.17 所示，通过生成更高质量、更清晰的黑洞图像，帮助科研人员更深入了解并研究黑洞的性质。

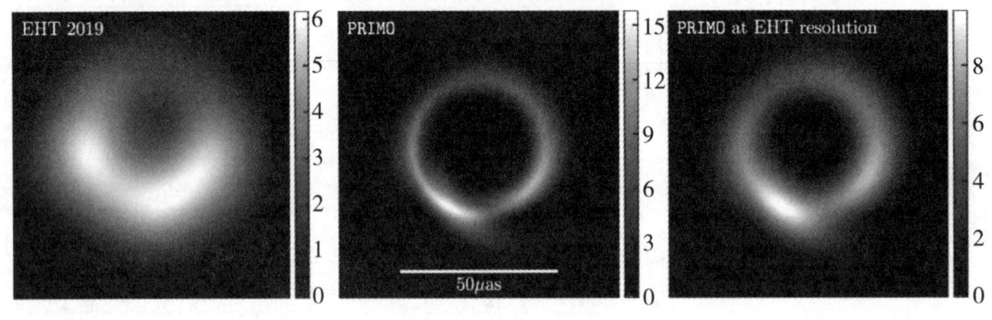

图 7.17 模拟黑洞图像

当前，图像生成技术已从实验室研究快速走向实际应用，主流的图像生成技术包括：

● 基于生成对抗网络（Generative Adversarial Network, GAN）的方法：基本思想如同左右互搏，是一种让两个神经网络“对抗学习”来生成逼真图像的方法。生成对抗网络的架构通常包含生成器和判别器：前者从随机噪声中生成图像；后者努力鉴别图片真假，接收图像并输出真假概率、生成图像。在训练过程中，生成器和判别器相互竞争对抗，主要包括生成器生成假图、判别器同时判断真图和假图、根据判别结果反向更新两个网络的参数、循环迭代直到平衡四个步骤，其特点是无须真实标签（无监督学习），能生成高清晰度、多样化的图像。

● 基于变分自编码器（Variational Autoencoder, VAE）的方法：让神经网络学会从数据中提取隐藏规律，并基于这些规律创造新的图像。变分自编码器的架构包括编码器和解码器两个部分：前者将输入图像压缩为一组参数，描述图像在“隐藏空间”中的分布；后者则从该分布中随机采样，将隐藏特征还原成新图像。训练时，变分自编码器会同时优化两个目标，让解码后的图像尽量接近原始输入以保证真实性，让隐藏空间的分布贴近标准分布以确保多样性。这种设计使变分自编码器既能生成不同姿势的人脸等多样化的图像，又能通过调整隐藏空间的参数控制生成效果。相比生成对抗网络，变分自编码器生成的结果可能稍显模糊，但训练更稳定且适合数据重建任务，常用于图像补全和风格插值等场景。

● 基于扩散模型（Diffusion Model）的方法：让模型学会逆向还原被破坏的图像，是一种模仿“逐步去噪”过程生成图像的方法。首先模型会通过正向扩散向一张真实图片逐步添加随机噪声，直到变成完全混乱的噪点；接着训练一个神经网络（如U-Net）从噪点中逆向推演，通过多步骤“猜测”并去除噪声，最终恢复出清晰的图像、实现反向去噪。这种“先破坏再修复”的训练方式，让模型掌握了从零开始生成图片的能力，也就是说，只需输入纯随机噪点，模型就能通过多轮迭代去噪，“雕刻”出逼真的动物或复杂场景等细节丰富的图像。扩散模型的特点在于生成质量高、可控性强，但计算步骤较多、速度较慢。近年来，这类方法凭借其出色的效果，成为人工智能绘画工具的代表性技术。

● 基于自回归模型（Autoregressive Model）的方法：类似于“逐字写句子”，是一种通过“顺序生成像素”来创造图像的方法，将图像看作由像素点按固定顺序（如从左到右、从上到下）排列的序列，每一步只生成一个像素，且每个新像素的生成都严格依赖于之前已生成的所有像素。典型的网络架构（如PixelCNN）使用带有掩码的卷积层，确保模型只能看到已生成的像素，逐步预测每个像素的颜色分布。生成图像时，模型从第一个像素开始按顺序逐个生成，最终“拼凑”出完整图片。自回归模型的特点在于生成质量高、细节精细，但由于无法并行计算，生成速度极慢，且难以处理超大图像，但在语音、文本生成等领域仍有重要价值。

● 基于Transformer的方法：基本思想是通过全局关联建模生成图像，将图像视为“视觉单词”序列进行处理。首先将图像分割为多个小方块（如16×16像素），每个方块被展平为向量作为“图像块字符”；随后利用自注意力机制分析所有图像块间的关联（如天空与云朵的位置、人物与背景的关系），并基于这些关联逐步预测或生成新的图像内容。这类方法的特点在于能捕捉图像画面整体构图协调等长距离依赖，生成结果连贯性强，且易于与文本等跨模态信息结合。但Transformer需要处理大量计算，通常需借助并行计算加速训练。这类方法推动了

“多模态生成”的发展，成为当前AI绘画的重要技术基础之一。

● 基于神经辐射场（Neural Radiance Field）的方法：基本思想是将整个三维空间看作一个由神经网络描述的“透明光场”，是一种通过“模拟光线”构建逼真3D场景并生成多视角图像的方法。输入一个空间点的位置和观察角度，利用神经网络输出该点的颜色和透明度，从而隐式地表达物体的3D形状和材质。使用时，NeRF会模拟真实相机拍摄的过程——从选定视角发射多条光线穿过场景，沿每条光线采样多个空间点，综合这些点的颜色和密度信息，最终“积分”计算出一张2D图像。这种方法的特点在于无须3D建模软件，仅需输入物体多角度的2D照片，就能自动重建出高精度的3D模型，并生成任意视角下逼真且光影连贯的新图像（如绕恐龙化石旋转观察）。NeRF的生成效果极具真实感，但计算量巨大、训练耗时较长，常用于电影特效、虚拟现实等领域，为3D内容创作提供了新手段。

下面以扩散模型为代表，介绍图像生成方法的主要步骤。

7.4.2 基于扩散模型的图像生成

（1）扩散模型框架

扩散模型的灵感来源于自然界的扩散现象，如墨水在水中逐渐扩散直到整杯水变成均匀的淡蓝色；若是精确控制水流方向和温度，就能让墨汁重新聚合成一朵花或一只蝴蝶等特定的形状。通过模拟这一过程，扩散模型在数据集中逐步添加噪声，然后再逆转这个过程，从而生成高质量的新数据。

扩散模型生成图像的逻辑，就像一位画家“从模糊到清晰”逐步修正草稿的过程，先故意把图片弄花，再逐步擦掉污渍，最终画出细节丰富的作品。在破坏阶段，通过数百次小步骤，给真实图像逐步添加随机噪声，最终让它变成纯随机噪点，称为正向扩散。在学习阶段，让神经网络观察“加噪过程”，学会逆向操作，输入一张带噪点的图，预测当前该去除多少噪声才能让图像更清晰，称为反向去噪。在生成阶段，从纯噪声出发，让神经网络反复预测并去除噪声，经过几十步到上百步的迭代，“雕刻”出完整图像。扩散模型的核心机制包含正向扩散和逆向生成两个互补的阶段，实现数据的噪声化和去噪声化，流程如图7.18所示。

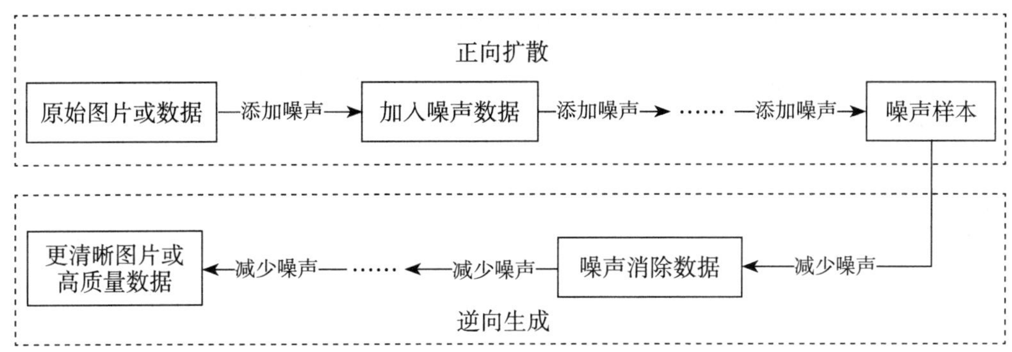

图 7.18 扩散模型流程

(2) 基于扩散模型的图像生成

首先从随机噪声图片出发，通过预设的噪声调度器确定多步去噪路径；随后在每一步将当前模糊图像输入神经网络，预测需要消除的噪声成分；最后迭代更新图像，经过多次去噪和细化循环，逐步从混沌中浮现出清晰画面，最终生成逼真图像。模型框架如图 7.19 所示。

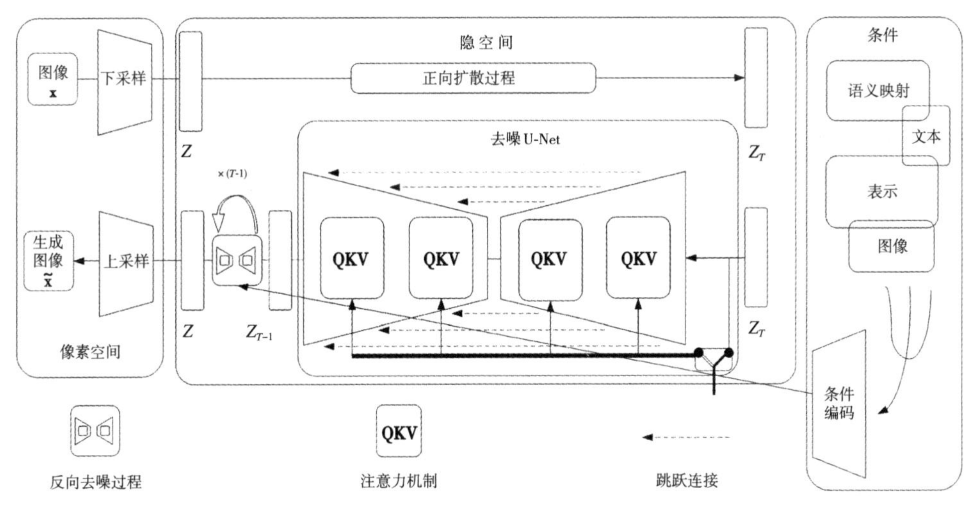

图 7.19 基于扩散模型的图像生成框架

①**条件编码：**通过文本图像模型将输入文本条件转换为基础的表示向量。

②**正向扩散**：将真实图像逐步破坏并转化为纯噪声。对于输入的一张清晰图像，通过分步加入随机噪声，经过数百次迭代，每次向图像添加少量噪声，将图像变成类似于马赛克式的完全无意义的随机噪声图像。

③**逆向生成**：通过训练一个神经网络从噪声图像中逆向恢复出原始图像，又包括以下步骤：

- 迭代轮次编码。为迭代轮次进行编码，标记去噪阶段、指导去噪强度。
- 交叉注意力。将文本语义与图像特征对齐，通过调节条件权重，控制生成结果与文本的匹配程度。
- 下采样卷积。对于正向扩散过程得到的某一轮次噪声图像，通过类似 7.1 节介绍的多层卷积网络模型实现图像压缩及多尺度特征提取，使用残差连接的方式避免信息丢失，同时对当前迭代轮次进行编码以指导去噪强度。
- 上采样卷积。通过逐步反向解码的方式，使得压缩的特征逐步从 64 × 64 恢复为 128 × 128、256 × 256、512 × 512、1024 × 1024 等大小的图像。

例 7.4 输入文本“湖边有小木屋的秋天景观”，使用扩散模型生成完整图片，图 7.20 展示了该过程。

图 7.20 基于扩散模型的图像生成示例

①使用文本图像模型将文本“湖边有小木屋的秋天景观”转换为 512 维的表示向量，初始化潜在空间噪声，即生成一张维度为 256 × 256 × 3 的纯噪声图片；

②匹配表示向量和初始图片以生成模糊轮廓，可辨识湖的水平线和小木屋的雏形；

③以迭代的方式去噪以彰显细节，初步展现出秋天景观和木屋样式；

④精细化渲染以生成树木秋叶和湖面倒影等高频细节。

在反向去噪过程中，通过条件文本向量引导特征生成，确保树木金色调与秋天景观符合描述。对 256×256 基础输出进行 4 倍采样，通过级联扩散模型补充细节，符合光学成像规律，最终输出 1024×1024 高清图像。

思考题

1. 若需设计一个识别动物照片的模型，简述一般CNN和ResNet的优缺点。

2. 简述在现实生活中可基于ResNet实现图像分类的应用场景。

3. 查阅资料，简述从YOLO v1 到YOLO v12 各个版本的适用场景、主干网络、性能、模型复杂度、资源要求和技术演进趋势。

4. 简述基于CNN和YOLO识别街道照片中的汽车的主要步骤，以及两种方法的区别。

5. 简述YOLO将图片划分成网格后每个网格需要预测的信息，以及网格太小可能导致的问题。

6. 简述当检测图片中的目标时CNN的卷积层和池化层起到的作用。

7. 对于包含人像的照片，简述使用Mask R-CNN通过图像分割方法实现照片“去背景”的思路。

8. 使用扩散模型生成一张特定风格的图片（如“戴眼镜的猫”），简述为了使图像生成结果更精准可以采取的技术手段。

9. 使用扩散模型生成现实中动物的图像时，模型总会加入奇幻元素，简述产生该问题的原因。

8 人工智能应用案例

通信运营商的手机通话客服系统自动将海量用户投诉归类为信号覆盖、资费争议等核心问题，城市天气预报通过前一段时间的天气状况预测未来时间的天气，施工现场的视频监控实时识别未佩戴安全帽的工人，与大模型进行对话帮助学生系统性地学习新知识，这些真实场景揭示了人工智能技术如何从实验室走向千行百业。本章聚焦“智能+”在典型场景，给出人工智能应用案例。在客服投诉分析中，使用聚类方法挖掘文本相似性，将零散的投诉问题归纳为可溯源的类别，大幅提升服务响应效率；在天气预报中，时序模型从历史数据中精准地捕捉不同时间段内的数据变化情况，为预测分析提供科学依据；在施工安全监管中，目标检测模型以毫米级精度定位人员、设备与风险区域，构筑智能化安全防线；使用基于大模型的对话问答，并通过结构化信息限制大模型回答范围、优化提示模板，可以有效提升问题回答的质量，为专业知识的自主学习、检索和生成提供智能助手，使学习者获得更加个性化、智能化和高效的学习体验。这些案例给出了包括实际需求分析、问题建模和模型选择、数据预处理和特征工程、模型训练和结果输出的完整过程，阐述了使用人工智能方法解决实际问题的基本流程。

8.1 基于聚类的通信运营商投诉数据分析

8.1.1 通信运营商投诉问题建模

通信运营商投诉数据分析，旨在通过挖掘投诉文本数据中隐藏的信息，找出其中高频的投诉产品和操作，以定位投诉的问题类别并解释其原因。表 8.1 给出通信运营商投诉文本数据的示例，同一段对话记录中同时存在产品词、操作词和原因词等关键信息：

- 产品词主要包含：产品 1、产品 2、套餐 1、套餐 2……
- 操作词主要包含：取消、回退、更改、添加……
- 原因词主要包含：流量、资费、话费、高……

表 8.1 投诉文本数据示例

编号	投诉文本内容
1	客服："您好。"客户："你好，我要取消产品 1。"客服："请问是什么原因？"客户："话费太高了。"
2	客服："您好。"客户："我要更改产品 2 为产品 3，流量不够用。"客服："好的，已经办理好。"
3	客户："你们给我的套餐 1 太贵了。"客服："您可以试试套餐 3 呢，更适合您。"客户："我看看。"

产品词、操作词和原因词的不同组合对应了不同的含义。例如，"取消""产品 1""话费"和"高"的组合，表示用户因为话费过高要取消"产品 1"。投诉文本数据分析的关键在于，对投诉产品和操作进行类别划分并分别寻找其原因，可建模为一个聚类问题。利用第 2.5 节介绍的 K- 均值聚类方法，可在无数据标记的情况下，将不同的投诉记录自动划分为不同的问题"簇"，从而将投诉划分到不同的类别。然后，对不同类别的问题再根据原因词进行二次聚类，即可得到产生该投诉的深层原因，从而实现对投诉的自动归类和分析。

本案例以某通信运营商一段时间内的投诉文本数据为例，使用第 2.5 节介绍的 K- 均值聚类方法对投诉类别和原因进行聚类分析，下面介绍具体步骤和分析结果。

8.1.2 聚类模型构建

首先对数据进行预处理，将每条投诉文本记录中的连续对话语句分解为词的组合，并通过词频（Term Frequency, TF）和逆文档频率（Inverted Document

Frequency, IDF）计算每一个词的TF-IDF权重，TF-IDF=TF × IDF，其中，TF为记录中该词出现的频率，频率越高，说明该词越重要；IDF按“log（投诉记录总数/(包含该词的记录数+1)）”公式计算，包含该词的记录数越少，说明该词越重要；TF和IDF分别从局部和全局角度描述词的重要性。然后，根据业务背景及词出现的频率，提取产品词、操作词和原因词这三类关键词的特征，对投诉文本记录进行第一次聚类，得到投诉的问题大类。再针对每一类投诉问题，根据原因词的特征进行第二次聚类，得到每一类投诉问题的具体原因。具体流程如图 8.1 所示。

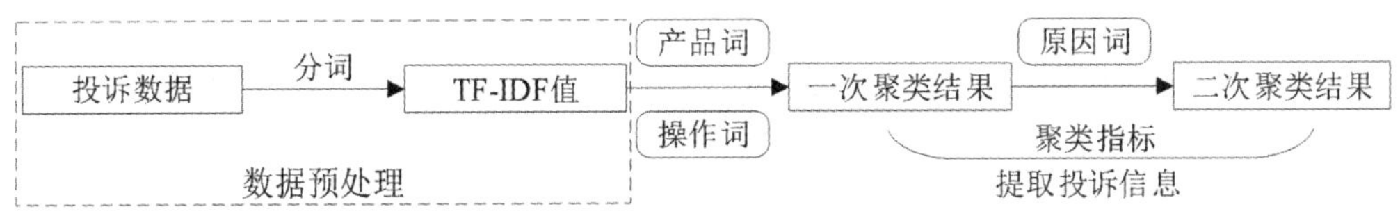

图 8.1 基于聚类的通信运营商投诉数据分析流程

（1）数据预处理

①**投诉文本分词：**根据日常文本用词及投诉文本数据，使用中文分词工具Jieba对投诉文本进行分词，并去除“这个”“嗯”“啊”等无实际意义的词。进一步结合业务需求进行词汇筛选，得出投诉文本记录对应的产品词、操作词和原因词。

②**词频特征提取：**为每个投诉文本记录中的产品词、操作词和原因词计算TF-IDF权重，得到投诉文本的权重向量，作为投诉文本记录的特征。

（2）第一次聚类

①**使用K-均值聚类：**使用第 2.5 节介绍的K-均值聚类方法，设置K个聚类簇中心，反复执行以下两个步骤。

a. 以每条投诉文本数据中产品词和操作词对应的TF-IDF权重作为特征，计算每个投诉文本与所有簇中心之间的距离，将投诉文本分配给距离最近的簇，形成临时簇群，使得每个投诉文本与其所在簇中心的距离不大于该投诉文本与其他任何簇中心的距离；

b. 根据簇群内数据点的均值更新簇中心位置。

当中心点位移小于设定阈值或达到最大执行次数时，输出最终簇划分结果。

②**簇数量确定**：通过分析轮廓系数（Silhouette Coefficient）指标来确定最佳数目，数据样本 i 的轮廓系数 $S(i) = [(b(i) - a(i)]/\max[a(i), b(i)]$，其中 $a(i)$ 为投诉文本数据 i 与其所在簇内其他投诉文本数据的平均距离，$b(i)$ 为投诉文本数据与其他簇中投诉文本数据的平均距离。整个聚类结果的轮廓系数为 $S_k = \frac{1}{n}\sum_{i=1}^{n}S(i)$，取值范围为[-1，1]；取值越接近 1，说明聚类性能越好；取值越接近 -1，说明聚类性能越差。计算不同簇数量 k 取值时的轮廓系数 S_k，并选取使得轮廓系数最大的簇数量 $\tilde{k}$ 作为最终的聚类簇数量。

（3）第二次聚类

与第一次聚类类似，使用第 2.5 节介绍的 K- 均值聚类方法，将原因词的 TF-IDF 权重作为特征进行第二次聚类，根据第二次聚类结果中每个簇的词频及组合情况，得到每一类问题的内在原因。

8.1.3 聚类结果分析

第一次聚类在不同簇数量取值情况下的轮廓系数变化情况如图 8.2 所示。聚类数为 3 时，轮廓系数折线出现了拐点。因此，选取 3 作为最佳聚类数量。此时聚类结果如图 8.3 所示。

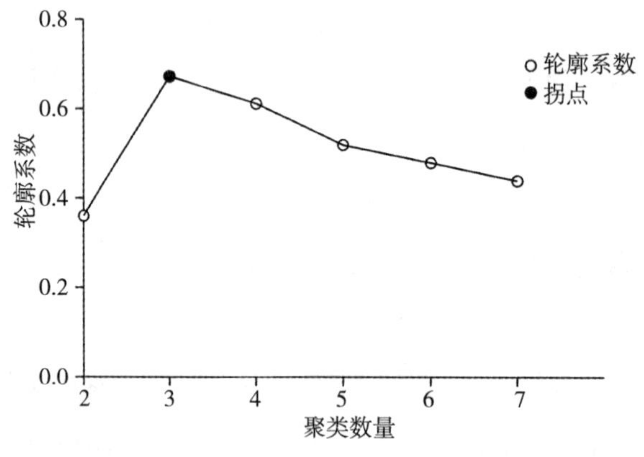

图 8.2　第一次聚类轮廓系数值变化

类似地，由轮廓系数确定第二次聚类最佳簇数量为 4，得到部分聚类结果如图 8.4 所示。

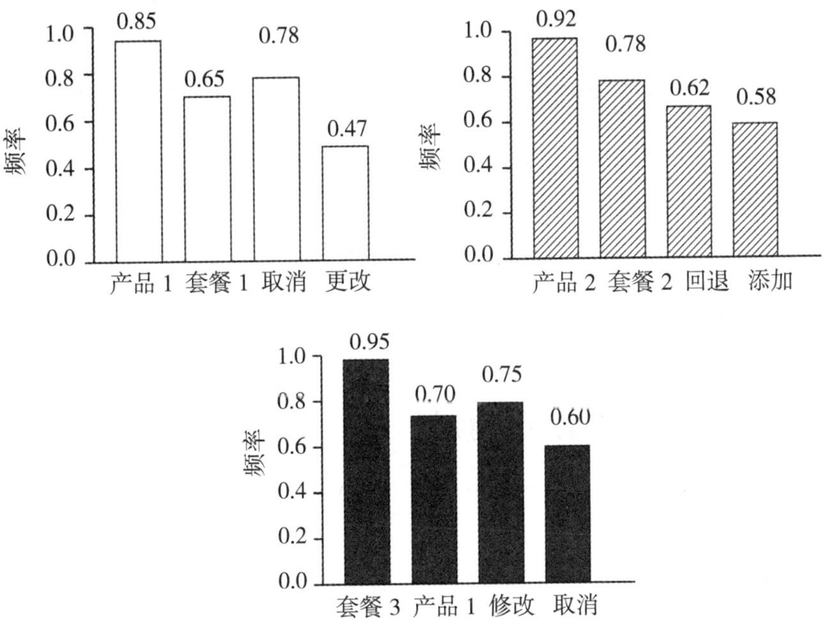

图 8.3　第一次聚类结果

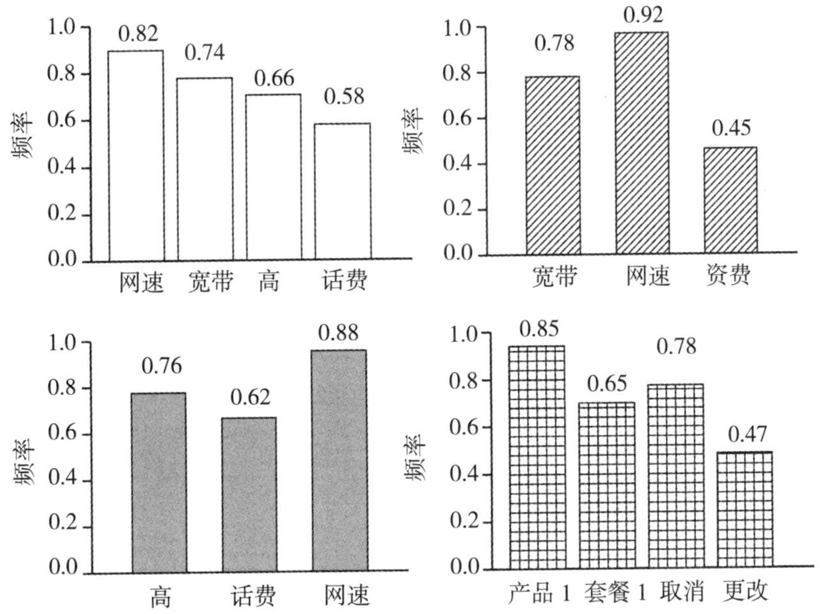

图 8.4　第一次聚类的簇 1 所对应的第二次聚类结果

从图8.3和图8.4可以看出，“话费”是导致用户经常“取消”或“更改”“产品1”和“套餐1”的主要原因。

基于聚类方法对运营商投诉数据进行分析，能够自动、高效地定位投诉问题，并帮助寻找投诉问题的原因。结合两次聚类分析得到的问题及原因，可以将文本类型的投诉数据转化为业务的直观解释，为管理决策者提供依据。此外，在保证聚类分析高效性和准确性的同时，利用聚类的评价系数来确定簇的数量，保证了分析结果的合理性和分析过程的严谨性。

8.2 基于循环神经网络的天气预报

8.2.1 天气预报问题分析

天气预报对社会生活和各行各业运行具有关键指导作用，也是一直以来学界重点研究的科学领域。例如，基于气温和降水等要素的短期预报能指导播种灌溉，中长期天气预报有助于制定种植计划；工业生产需要依据风速和气压等实时气象数据，调整高空作业和物流运输；城市管理部门则依赖降雨和降雪等预警信息来部署防汛除雪工作。

天气数据是典型的时间序列数据，不同时间点的数据之间往往存在关联，这使得过去的天气情况对未来天气的预测有一定参考价值。表8.2给出某市日均气温数据片段，气温数据呈现出明显的时间顺序性，且相邻时间点之间的气温变化具有相关性。气温受多种因素影响，短期内具有较强的不确定性，但从整体趋势来看，仍可观察到一定的变化趋势。图8.5直观展示了该市冬末春初的日均气温变化情况，短期的气温变化并不规律、波动较大；但经过平滑处理后，可以在更长时间尺度上观察到气温先下降后回升的趋势，符合从冬季到春季过渡的季节特征。天气预报旨在通过分析历史天气观测数据的规律，利用数学模型和计算机技术来推断未来的天气数据，可建模为一个时序预测问题。使用第6.2节介绍的循环神经网络（RNN），可以有效捕捉历史天气数据中的复杂模式和依赖关系，从历史天气数据中自动提取特征，把“记住的历史信息”不断传递给下一步，从而有效预测未来的天气数据。

表 8.2 某市气温数据示例（气温：℃）

时间	气温	时间	气温	时间	气温	时间	气温
2023/12/2	1.86	2023/12/6	1.77	2023/12/10	−0.01	2023/12/14	−2.60
2023/12/3	5.00	2023/12/7	0.77	2023/12/11	0.466	2023/12/15	−2.08
2023/12/4	4.00	2023/12/8	4.13	2023/12/12	−1.96	2023/12/16	−2.42
2023/12/5	5.34	2023/12/9	1.82	2023/12/13	−3.73	2023/12/17	−0.80

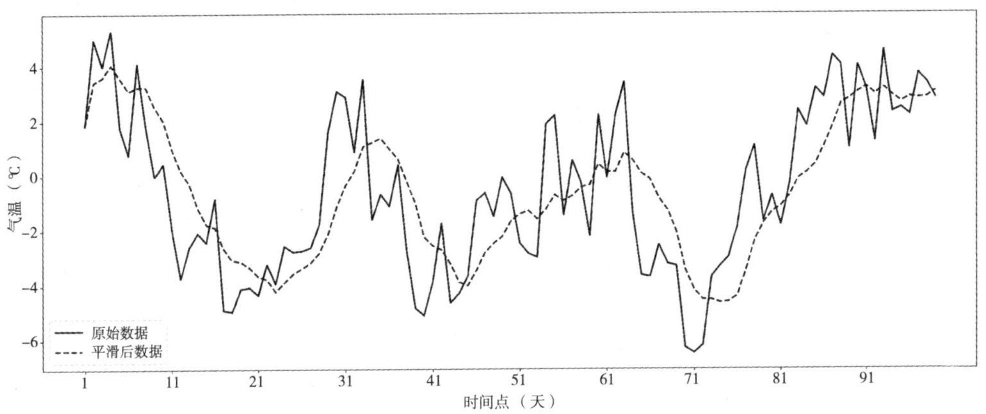

图 8.5 某市日均气温变化

本案例从日均气温数据出发，使用第 6.2 节介绍的循环神经网络对气温数据进行建模和预测，下面介绍具体步骤和分析结果。

8.2.2 模型训练和时间序列预测

首先确定模型的输入和预测目标，并对原始气温数据进行预处理。然后，根据时间序列的连续性构造训练样本，划分训练集与测试集，并将训练样本输入 RNN 模型进行训练，学习气温的变化规律。最后，使用训练好的模型进行气温预测。具体流程如图 8.6 所示。

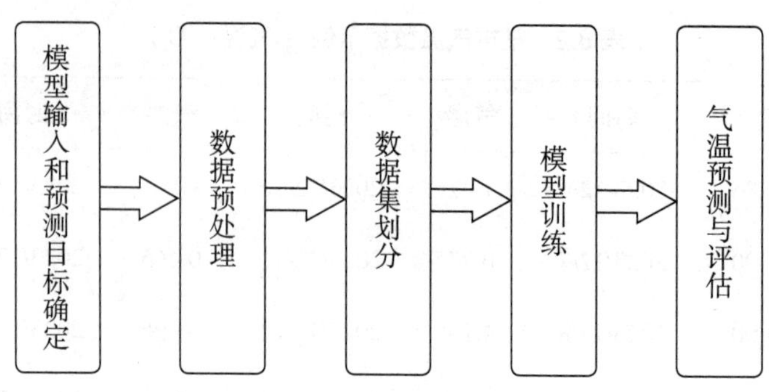

图 8.6　RNN 模型训练和预测流程图

● 模型输入和预测目标确定：将连续 7 天的气温数据作为输入，第 8 天的气温作为预测目标，采用 N-1 结构的 RNN 模型进行单步预测。

● 数据预处理：本案例原始数据为某市 2023 年 12 月 2 日到 2024 年 3 月 11 日的日均气温，时间分辨率为 1 天。为了保障模型学习和预测的高效性，使用第 6.1 节中介绍的归一化处理方法，将原始气温数据转换到 0 到 1 之间的值。

● 数据集划分：深度学习模型对数据量有较高要求，在训练前需基于原数据构造大量的训练样本，以便模型能够更充分地学习到气温变化规律。具体而言，根据第 5.1 节介绍的数据集划分方法，将原日均气温时间序列数据中某时间片的值 y_i 作为目标值，使用 y_i 的前 7 个时间点的值作为模型输入 $\mathbf{x}_i$（即滞后步数为 7），从而构成样本集 $\{(\mathbf{x}_1, y_1), (\mathbf{x}_2, y_2), \dots, (\mathbf{x}_m, y_m)\}$，$m$ 为样本数量。例如，可以将表 8.2 中的气温数据构建为表 8.3 中的样本。本案例使用 100 个时间片构建了 94 个样本，80% 作为训练样本集，20% 作为测试样本集。

表 8.3　气温数据样本示例

输入值	目标值
$\mathbf{x}_1 = \{1.86, 5.00, 4.00, 5.34, 1.77, 0.77, 4.13\}$	$y_1 = \{1.82\}$
$\mathbf{x}_2 = \{5.00, 4.00, 5.34, 1.77, 0.77, 4.13, 1.82\}$	$y_2 = \{-0.01\}$
$\mathbf{x}_3 = \{4.00, 5.34, 1.77, 0.77, 4.13, 1.82, -0.01\}$	$y_3 = \{0.466\}$
$\mathbf{x}_4 = \{5.34, 1.77, 0.77, 4.13, 1.82, -0.01, 0.466\}$	$y_4 = \{-1.96\}$
$\mathbf{x}_5 = \{1.77, 0.77, 4.13, 1.82, -0.01, 0.466, -1.96\}$	$y_5 = \{-3.73\}$

● 模型训练：在模型训练阶段，将构造好的训练样本输入到RNN模型中，进行多轮学习。模型通过不断学习输入与目标输出之间的关系，逐步掌握气温随时间变化的规律，从而能够在给定连续 7 天气温的情况下预测第 8 天的气温。在训练过程中，模型会根据预测值和目标值之间的误差来调整内部参数，使得下一次预测更接近真实值。经过多轮训练，模型逐步学习到气温的变化规律，预测精度也随之提高。

● 气温预测与评估：模型训练完成后，即可将模型应用到测试集上。预测过程中，模型不再更新参数，而是直接利用训练阶段学到的内部参数进行预测。通过模型在测试集上的表现，可以检验模型对新情况的泛化能力。

8.2.3 天气预报结果分析

模型表现的好坏可以通过对比预测值与真实值之间的误差来评估，图 8.7 直观比较了模型在测试集上的预测结果与实际气温之间的误差，在多数波动区间，预测曲线相较真实曲线并未出现明显的延迟或错位，说明RNN模型在时间依赖建模方面较为精准，能够较好地保留序列中的时序信息。模型输出的变化趋势与真实数据的贴合程度较高，能够准确反映气温的上升或下降情况，说明模型具备较强的全局趋势捕捉能力，在面对一定程度的波动时也具备较强的预测能力。因此，RNN模型在本案例中能够较准确地预测气温变化，验证了其在天气预报任务中的有效性。

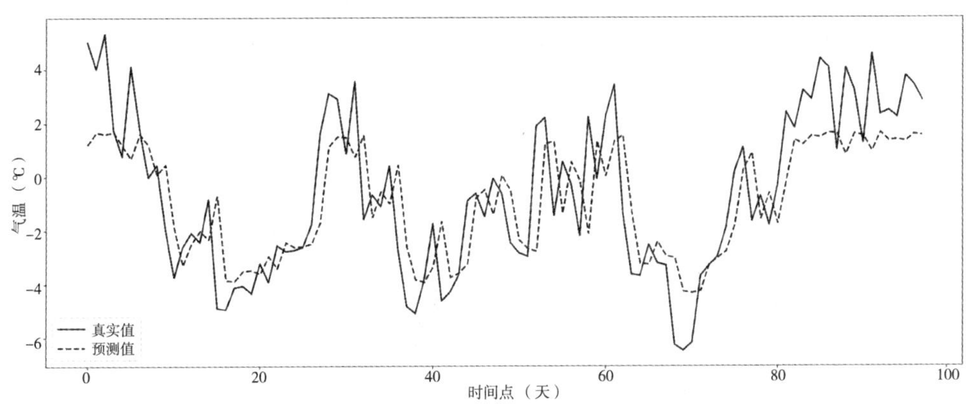

图 8.7　预测值与真实值对比

8.3 基于目标检测的施工安全监管

8.3.1 施工安全监管问题分析

在移动通信基站建设、轨道交通施工、电力设施安装等工程建设中，为保证施工人员安全，必须确保施工人员正确佩戴安全帽、安全绳、反光衣等安全护具。传统的监管方法是根据施工现场拍摄的照片，以人工审核的方式检查照片中的施工人员是否按要求佩戴安全护具。这种人工审核方式效率低、人工成本高，且无法保证施工安全监管的实时性。

根据照片中施工人员和安全护具的位置关系，可以判断是否正确佩戴安全护具。例如，图 8.8 的施工照片中，安全帽需要在施工人员的头部，而安全绳和反光衣需要在施工人员的身上。这涉及对照片中施工人员和安全护具的精准识别与定位，与目标检测中的目标分类和目标定位两个任务相匹配。其中，目标识别任务用于判断施工照片中是否包含施工人员或安全护具，而目标定位任务则根据边界框来确定其具体位置。因此，施工安全监管问题可建模为一个目标检测问题。基于目标检测模型构建高效且智能化的解决方案，可对施工照片进行实时检测，有效降低检测成本、提高检测效率和准确性。

图 8.8　施工及安全护具佩戴照片

本案例将第 7.2 节介绍的目标检测模型YOLO用于施工场景下的安全护具检测，并根据采集的照片检测施工人员是否正确佩戴安全帽、安全绳和反光衣。

8.3.2 目标检测模型训练和预测

首先对施工照片进行数据标注和数据集划分，然后将处理后的数据集输入YOLO模型进行训练，最后根据模型预测的边界框位置判断安全护具的佩戴关系，具体流程如图 8.9 所示。

图 8.9　目标检测模型训练和预测流程图

（1）数据预处理

首先，在采集的施工照片中对“施工人员”“安全帽”“安全绳”和“反光衣”进行人工标注，包括所属的类别和边界框位置。然后，将照片统一调整为 448 × 448 的分辨率，并划分为 7 × 7 的网格。最后，根据第 5.1 节介绍的数据集划分方法选取 70% 的照片作为训练集，选取 10% 的照片作为验证集，剩下的 20% 的照片作为测试集。其中，训练集用于训练YOLO模型，验证集用于选择YOLO模型参数，而测试集用于评估YOLO模型的检测性能。

（2）模型训练

将训练集输入YOLO模型，根据第 3.1 节介绍的随机梯度下降法进行多轮训练。在每轮训练过程中，YOLO模型会根据第 7.2 节的推理步骤得到施工人员或安全护具的边界框和类别与人工标注之间的误差，并调整模型参数，从而提升检测的准确率。此外，在每轮训练结束后，将验证集输入YOLO模型，并保存在验证集上取得最佳性能的模型参数。

（3）模型预测

加载保存的YOLO模型的参数并将测试集输入模型，根据YOLO模型推理得到的施工人员和安全护具的边界框位置来判断是否正确佩戴安全护具。例如，在图8.10的示例中，安全帽的边界框需要与施工人员的边界框重合并出现在施工人员的头部，而安全绳和反光衣的边界框需要与施工人员的边界框相互重合。

图 8.10　基于YOLO的安全护具检测结果示例

8.3.3 施工安全检测结果分析

从图8.10中的安全护具检测结果可知，目标检测模型YOLO能准确定位和识别照片中的施工人员和安全护具，并能根据模型输出的边界框的位置关系判断施工人员是否正确佩戴安全护具。特别是在人员密集、存在部分遮挡、不同光照强度的施工场景中，YOLO模型仍能保持稳定的检测性能。另外，在实时性检测方面，YOLO模型可实现每秒钟检测数十张照片的能力，其检测效率远远高于人工审核的方法，且能有效避免人为因素导致的漏检和误判。这些优势充分说明了目标检测模型应用于安全护具检测的可行性和优越性，可为施工安全监管提供一种高效可靠的智能化解决方案。

8.4 基于大模型提示工程的地理知识学习

8.4.1 基于大模型的地理知识学习模式

当代地理学研究已突破传统描述性学科范畴，发展为融合空间分析、生态过程、人文互动的复杂系统科学。地理知识的学习，需融合自然与人文要素，既要理解气候、地形的动态规律，又要掌握人口迁移、资源分布等社会关联，这种跨学科特性使学习内容高度碎片化。例如，为了完成“分析城市化对区域生态的影响”学习任务，学生需要整合地理信息数据、经济模型和生态理论，但传统教学资源难以动态呈现知识间的复杂关联，且数据处理依赖编程技能，导致初学者易陷入知识点割裂和技术门槛过高的双重困境。传统地理知识教育常受制于线性知识传递模式，如何培养系统思维与问题解决能力成为关注的焦点。

基于第 4 章介绍的大模型，通过多模态交互与智能计算，可突破传统地理知识学习范式，提供高效获取知识的途径和新的学习模式。大模型可快速关联气候、经济、生态等分散知识点，实现跨学科知识整合。例如，输入“解释城市化如何加剧热岛效应”，大模型能同步调用气象数据、土地利用变化图及人口密度模型，生成逻辑连贯的图文分析。借助地理信息数据库与可视化引擎，大模型可将抽象理论（如大气环流）转化为动态三维模拟，并允许学习者通过调整参数（如二氧化碳浓度）观察预测结果，实现数据的动态可视化。通过自然语言指令替代编程操作，如输入“对比京津冀城市群 2000 ~ 2020 年绿地覆盖率”，模型自动完成卫星影像提取、数据清洗和可视化图表生成，使学习者聚焦问题本身而非工具使用。直接接入全球气候监测、人口统计等数据库，实时动态更新数据，确保分析结论基于最新事实而得到。这种技术的融合不仅提升了学习效率，更通过“问题导向—数据驱动—智能反馈”的新模式，推动地理教育从知识记忆向智慧城市设计、生态系统修复等现实问题解决能力迁移。

在此背景下，第 4.2 节介绍的大模型提示工程通过设计有效的提示词（在大模型对话中表现为对话者所输入的内容/问题），引导大模型完成特定任务或生成更准确的结果，为基于大模型的地理知识学习提供了新的解决方案。提示词设计的好坏直接影响大模型输出的结果，下面展示在不同形式的大模型提示词下学习地理知识的效果，分析各种类型提示词的不足以及改进的方案。

8.4.2 提示词编写及迭代改进

（1）基础提问

选择DeepSeek作为基础模型，设置“深度思考（R1）”模式，直接进行生活化提问（基础提问）“为我介绍下昆明”，得到的结果如图8.11所示。

为我介绍下昆明

已深度思考（用时26秒）

昆明是云南省省会，位于中国西南部，海拔约1900米，年均气温15℃左右，因四季如春得名“春城”。作为连接东南亚的交通枢纽，昆明拥有长水国际机场（全球百强机场）、中老铁路起点等区位优势，市区人口846万（2022年数据）。旅游资源包含石林世界地质公园（喀斯特地貌代表）、滇池（云南最大淡水湖）、西山森林公园（悬空寺龙门石窟）、云南民族村（展示25个少数民族文化）等景观。经济支柱包括旅游业（2023年接待游客2.8亿人次）、花卉产业（鲜切花产量占全国70%以上，斗南花市为亚洲最大交易市场）、烟草加工（云烟品牌生产基地）三大板块。城市轨道交通已开通6条地铁线，主城区与呈贡新区形成双中心格局。特色文化有过桥米线（国家级非遗美食）、陆军讲武堂（近代军事名校）、金马碧鸡坊（明清地标建筑群）等元素。生态建设方面，滇池治理累计投入超600亿元，水质从劣V类提升至IV类；每年冬季数万只红嘴鸥迁徙至滇池越冬，形成独特生态景观。

图8.11 基础提问结果

分析图8.11中的答案，DeepSeek介绍了昆明的地理、气候、交通、旅游、人文、经济、饮食、建筑、生态等各个方面，回答较为泛化。由于大模型不知道对话者当前的对话主题为“学习地理知识”，输出的答案无法满足科研场景的定性、定量需求，该提问方式存在以下几个方面的不足：

- 需求模糊：只要求大模型介绍昆明，未限定提问的用户属性和要求输出的目标，导致回答泛化。
- 视角缺失：未说明模型需要介绍的角度和范围，未限定地理学、经济学等学科视角，导致回答不够专业。
- 场景脱节：未指明问答所在的“学习地理知识”这一实际应用场景，导致回答不精确，不能紧密围绕对话的核心主题。

（2）进阶提问

针对上述提问方式的不足，进一步考虑增加约束并对提问进行改进，限定对话主题和场景，并对照第 4.3 节介绍的思维链加入分步要求，优化后的提问为“我想深入了解昆明的地理特点，分步骤帮我分析其自然地理、人文地理、区域地理等特征”，得到新的回答结果如图 8.12 所示。

我想深入了解昆明的地理特点，分步骤帮我分析其自然地理、人文地理、区域地理等特征

已深度思考（用时 26 秒）

自然地理特征：昆明地处云贵高原中部（海拔1891米），属亚热带高原季风气候，年均温15.6℃，年温差小（最热月均温19.8℃，最冷月7.8℃），年降水量约1000毫米，干湿季分明（5-10月降水占全年85%）。地形以盆地为主，三面环山（东有金马山、西有碧鸡山、北有长虫山），南临滇池（面积330平方公里，中国第六大淡水湖）。喀斯特地貌发育典型，石林景区可见剑状、柱状石灰岩群。生物多样性丰富，拥有滇池湿地（越冬红嘴鸥核心栖息地）和西山森林公园（植物超1200种）。

人文地理特征：全市常住人口860万（2023年），城镇化率80.5%，汉族占比86%，少数民族以彝族、回族、白族为主。经济结构以第三产业为主导（占比56.3%），旅游业年收入突破3000亿元（2023年），斗南花卉市场日交易鲜切花2800万枝，烟草工业年产值超1000亿元。文化融合特征显著，保留云南陆军讲武堂（近代军事史地标）、官渡古镇（唐宋建筑遗存），同时建有民族村（集中展示傣族泼水节、彝族火把节等习俗）。交通网络包含6条地铁线路（总里程165公里）、中老铁路国际班列（直达万象）、长水机场（航线通达南亚东南亚38城）。

区域地理特征：昆明是“中国-东盟自由贸易区”门户城市，500公里半径覆盖中越/中老/中缅边境口岸，中欧班列南线重要节点。在云南省内形成“滇中城市群”核心（GDP占全省38%），通过沪昆高铁（6小时到上海）、渝昆高铁（3小时到重庆）连接东部经济圈。区域发展受地形限制，主城区与呈贡新区通过地铁+高速路形成“双核”，西北部重点发展生态旅游（轿子雪山保护区），东南部布局经开区（电子信息、生物医药产业）。生态屏障作用突出，滇池流域实施退耕还湿12平方公里，松华坝水库承担昆明主城70%供水。

图 8.12　进阶提问结果

分析上述回答结果可以看出，其回答仍不够细致，无法帮助学生充分理解昆明的各项地理特性，该提问方式仍存在以下几个方面的不足：

- 需求颗粒度不足：未明确气候/地貌/产业布局等具体关注维度，导致回答易

陷入泛泛而谈。

● 步骤间逻辑断层：要求分步骤分析，但未定义步骤间的递进关系且结构松散，易导致回答呈现零散模块而非有机整体。

● 方法论指导缺失：未限定学术论文/课程作业/兴趣探索等研究目标，导致建议适用性模糊。

● 评估标准不明确：未说明对基础科普级或专业研究级等深入程度的定义，回答者难以校准信息深度。

● 信息来源不可靠：未要求指出数据来源，未要求对比不同来源数据。

● 问题延展性受限：封闭式提问限制了潜在关联问题的挖掘空间。

（3）结构化提问

针对上述提问方式的不足，重新针对应用场景，设计如表 8.4 所示的结构化问题模板。

表 8.4　地理知识助手结构化问题模板

步　骤	内　容
角色设定	**名称**[地理知识助手]；**身份**[融合自然地理与人文地理的智能系统，擅长动态地理现象解析]；**基础能力**[空间分析 / 地图解读 / 数据可视化 / 跨学科连接]
需求定义	**目标地区**[地区名称]；**研究目的**[学术论文 / 旅行规划 / 兴趣学习 / 其他]；**知识水平**[初学者 / 进阶学习者 / 专业研究者]；**重点关注维度**[自然地理（地形 / 气候 / 水文 / 生态）、人文地理（人口 / 经济 / 文化 / 交通）、区域问题（环境治理 / 发展矛盾 / 跨境合作）]
分析框架定制	**自然地理模块**[基础特征描述（如主要地貌类型）/ 形成机制分析（如用板块构造理论解释山脉走向）/ 典型现象解读（如特殊天气事件的地理解释）]；**人文地理模块**[人类活动空间格局（如城市扩展方向）/ 产居关系分析（如港口对城市产业的影响）/ 文化景观变迁（如传统建筑现代化改造）]；**区域问题模块**[核心矛盾识别（如水资源分配争端）/ 多尺度影响（地方性→全球性）/ 治理案例对比（成功经验 / 失败经验）]
数据需求声明	**数据类型偏好**[文字描述 / 统计图表 / 卫星影像 / 三维模型]；**时间跨度要求**[当代现状 / 历史演变（需指定时段：______年至______年）]；**空间尺度要求**[宏观（国家、大洲级）/ 中观（省市级）/ 微观（社区、地块级）]；**数据来源要求**[是 / 否]

续 表

步 骤	内 容
输出规范	**深度分级** [科普级（比喻解释 + 示例展示）/ 学术级（理论引用 + 数据佐证）/ 决策级（SWOT 分析 + 方案比选）]；**呈现结构** [总分式 / 对比式 / 因果链式 / 时空演变式]；**延伸建议** [推荐关联地区 / 推荐分析工具 / 推荐验证方法]
交互优化	**术语难度** [禁用专业术语 / 限用基础术语 / 允许高级术语]；**纠错机制** [需标注存疑数据 / 需注明理论争议点]；**可视化增强** [需标注地图比例尺 / 需添加图例说明]

需要说明的是，使用表 8.4 所示模板时可自定义标题（如“需求定义”）和模块（如“研究目的”）以控制模块功能，在“[ ]”内填入模块的子项内容以限制模块的输出范围。

按照表 8.4 所示模板，设定目标地区为中国云南省昆明市，研究目的为兴趣学习，知识水平为进阶学习者；重点关注维度包含自然地理、人文地理、区域问题，自然地理模块需包含基础特征描述、形成机制分析和典型现象解读，人文地理模块需包含人类活动空间格局、产居关系分析和文化景观变迁，区域问题模块需包含核心矛盾识别、多尺度影响和治理案例对比。数据类型偏好为文字描述，时间跨度要求为当代现状，空间尺度要求为宏观，数据来源要求为是。输出深度分级为科普级，呈现结构为总分式，延伸建议为推荐关联地区。术语难度选择限用基础术语，纠错机制选择需标注存疑数据。最终得到的回答如图 8.13 所示。

已深度思考（用时 15 秒）

（自然地理）昆明市地处云贵高原中部，核心地貌为高原湖盆（海拔1890米），由三叠纪印支运动形成，横断山脉东延的拱王山系与滇池断陷盆地构成"山水围城"格局。气候呈现"四季如春"特征，日均温差8-10℃，成因包括：①北纬25°亚热带位置奠定热量基础；②1900米海拔形成天然空调效应；③印度洋西南季风与太平洋东南季风在此交汇（年降水量1000-1200mm）。典型现象如"昆明准静止锋"每年冬季引发持续阴雨，源自云贵高原阻挡的冷暖气团对峙。水文系统以滇池（306km²）为核心，通过螳螂川汇入金沙江，喀斯特地貌导致地表水渗漏率达30%（2019年水资源公报）。生态方面属全球34个生物多样性热点中的中国西南山地区，拥有2500种维管植物（昆明植物所2020数据），但外来物种紫茎泽兰入侵已影响30%原生草地（标注存疑：需核实具体入侵面积）。

（人文地理）城市空间沿滇池北岸呈"扇骨状"扩展，主城五华、盘龙两区聚集42%常住人口（2020年七普数据823万）。花卉产业形成"亚洲花都"格局，斗南市场占全国70%鲜切花交易量（2021年交易额破百亿），但产业链呈现"微笑曲线"特征——种植端利润仅占15%（昆明统计局2022）。民族文化景观呈现"活态博物馆"特征，26个世居民族中，彝族撒尼人"大三弦"舞蹈被改造为旅游展演项目，官渡古镇明清建筑群实施"修旧如旧"改造时争议性地引入玻璃幕墙元素。交通枢纽地位凸显，长水机场2023年旅客吞吐量达4800万人次，泛亚铁路中线（中老铁路）开通后，到万象货运时间缩短至20小时。

（区域问题）滇池治理历经"九五"至"十四五"五轮攻坚，磷污染负荷仍超环境容量2.3倍（2022年环科院报告），反映出经济发展与生态保护的深层矛盾。跨境合作方面，中缅油气管道（经昆明）面临地缘政治风险，2021年缅北冲突曾导致原油输送中断17天。对比治理案例：捞渔河湿地公园通过人工湿地建设使入湖水质提升至Ⅲ类（成功），而环湖房地产开发导致湖滨带消失83%（1990-2010卫星影像分析）。建议关联研究贵阳（同属喀斯特城市）和丽江（旅游开发对比）。

数据来源：云南省统计局《2022年统计年鉴》、中科院昆明植物所公开数据、《滇池流域水污染防治"十四五"规划》、昆明海关年度报告。标注存疑：喀斯特渗漏率数据需核对最新水文地质调查结果。

图 8.13 结构化提问结果

8.4.3 提示词效果对比总结

对比结构化问题相较于开放式提问（如“介绍昆明”）和半结构化提问（如“分步骤分析”）对地理知识学习的效果，存在知识系统性、信息准确性与深度、学习效率与适应性、批判性思维培养等方面的区别，具体如表 8.5 所示。

表 8.5 结构化、半结构化和开放式提问对比

维度	提问方式	特点	示例
知识系统性	结构化	通过预设模块及子项，强制覆盖知识点间的逻辑关联，避免遗漏核心维度	模块：自然 / 人文 / 区域地理 子项：形成机制、产居关系等 核心维度：昆明气候成因与地形关系
	半结构化	通过方向引导可平衡广度与深度，需要用户主动补充细节	分步骤分析 列出地形、气候但未探讨深入机制
	开放式	回答自由度大，易形成碎片化认知，适合激发兴趣但不利于体系构建	仅强调“春城”气候而忽略地质背景 仅罗列景点而无生态问题分析
信息准确性与深度	结构化	强制标注数据来源及存疑信息，提升学术严谨性；通过多维度交叉验证深化对问题的理解	“七普”数为据 823 万人 紫茎泽兰入侵面积需核实 对比滇池治理案例
	半结构化	聚焦细节、缺乏机制解释，需依赖学习者自主延伸	列出年均温 15.6℃ 未分析亚热带高原季风气候成因
	开放式	易出现笼统描述、数据模糊等问题，适合科普传播但难以满足进阶学习需求	“喀斯特地貌发育”未说明渗漏率 “年降水量约 1000 毫米”未区分干湿季
学习效率与适应性	结构化	总分式呈现符合认知规律，重点信息前置提升检索效率	先总述再分点叙述 滇池治理五轮攻坚
	半结构化	通过步骤化分解来降低认知负荷，若步骤设计不合理，易导致逻辑混乱	先自然再人文 未区分地形与水文 将“生物多样性”混入地貌描述
	开放式	回答灵活，适合快速概览，需学习者自行筛选关键信息，对初学者门槛较高	融合旅游资源与经济数据 从 3000 亿元旅游收入中提炼产业特征
批判性思维培养	结构化	通过矛盾识别、治理案例对比，强化辩证分析能力	花卉产业链微笑曲线 捞渔河湿地与环湖房产开发
	半结构化	可引导局部深度思考，整体批判性不足	分析“地形限制区域发展” 未按要求对比不同治理模式的成效
	开放式	缺乏矛盾揭示，易形成单一视角的认知	未提及滇池磷污染超载 仅描述“亚洲花都”未提种植端低利润

总的来说，结构化模板适用于系统学习与科研训练，能构建完整知识网络并培养严谨思维；开放式提问适合兴趣启蒙与发散探索，但依赖学习者的自主整合能

力；半结构化提问则适合阶段性知识巩固，但需配合明确引导避免浅层化。通过创建合适的大模型提示词，能有效快速整合海量信息，既能快速搜索专业解释，又能多角度拆解复杂问题，还能实时更新数据，甚至用生活比喻让抽象概念变直观，为知识学习提供了一种高效便捷、实时准确、易于理解、系统完整的方法。

8.5 人工智能应用场景总结

上述应用案例给出基于人工智能技术对实际问题进行建模的示例，针对其他应用场景可类似构建其技术方案，医疗、交通、教育、金融、农业、制造、文化、环保、零售和安防等领域的应用场景包括：

①在医疗领域，智能影像系统运用3D卷积神经网络技术，可实现肺部CT影像的毫秒级病灶定位，大幅提升肺癌早期筛查的准确率；通过几何深度学习技术，可成功预测多个蛋白质复合体的结构，大幅提升药物研发效率。

②在交通领域，基于深度学习和多模态融合技术，可构建交通运行协调与指挥解决方案，实现交通事件的秒级发现和处置，将事件响应时间从传统人工监测的分钟级缩短至秒级，显著提升城市交通管理效率、提高大范围内网联车辆通行效率。

③在教育领域，智慧课堂系统依托人工智能大模型，可构建覆盖大规模学生的个性化学习画像，实现知识点掌握度的准确预测。

④在金融领域，采用机器学习和多方安全计算技术，可在保护数据隐私前提下高效完成大量企业的信用评估模型训练。

⑤在农业领域，通过农业无人机、高光谱成像技术和作物胁迫指数分析，可实现农作物的精准施肥、大幅降低化肥用量。

⑥在制造领域，运用工业元宇宙技术，可构建虚实联动的数字孪生生产线，大幅提升设备的装配效率。

⑦在文化领域，AI手语主播基于多模态动作捕捉技术，可实现新闻手语翻译的毫秒级同步，为大规模听障人群提供无障碍信息服务。

⑧在环保领域，运用人工智能技术开发的“能源大脑”，可通过时空预测模型，实现风光发电量的长时精准预测，提升清洁能源消纳率。

⑨在零售领域，运用自主移动机器人集群技术构建的智能仓库，可实现日均百万级订单的无人化分拣，大幅降低物流成本。

⑩在安防领域，运用视频结构化分析技术构建的智能安防平台可实现对重点区域异常事件的高准确性智能识别和响应。

这些应用昭示着人工智能技术已突破实验室边界，正在构建“感知—决策—执行”的完整闭环。随着大模型技术、神经符号系统、因果推理等前沿技术的持续突破，人工智能将加速与5G、量子计算、脑机接口等新兴技术的交叉融合，催生人机协同的新型生产关系。

思考题

1. 哪些模型可用于施工现场照片的自动划分？简述使用K-均值聚类方法解决该问题的基本步骤。

2. 除了循环神经网络模型，哪些模型可用于天气预报？简述其基本步骤及与使用循环神经网络方法的区别。

3. 查阅资料并简述本地知识库的基本概念和应用场景。

4. 针对所学专业，设计一个专业知识学习助手的问答模板。

5. 简述使用大模型进行基础提问、进阶提问和结构化提问的区别及适用场景。

6. 简述使用“百度AI开放平台”实现车辆检测时不同图片特征可能产生的影响。

参考文献

[1] ANNEPAKA Y, PARTHA P. Large Language Models: A Survey of Their Development, Capabilities, and Applications [J]. Knowledge and Information Systems, 2025, 67 (3): 2967–3022.

[2] BLUM A, HOPCROFT J, KANNAN R. Foundations of Data Science[M]. Cambridge: Cambridge University Press, 2020.

[3] CHRISTOPHER M. Pattern Recognition and Machine Learning [M]. Berlin: Springer, 2011.

[4] CORMEN T, LE ISERSON C, RIVEST R, et al. Introduction to Algorithms (4th Edition) [M]. Cambridge, MA: MIT Press, 2022.

[5] CORTES C, VAPNIK V. Support-Vector Networks [J]. Machine Learning, 1995, 20 (3):273–297.

[6] DAFIR Z, LAMARI Y, SLAOUI S. A Survey on Parallel Clustering Algorithms for Big Data [J]. Artificial Intelligence Review, 2021, 54 (4): 2411–2443.

[7] DOMENICO M, DANIELE C, FILIPPO A. Ethics and Artificial Intelligence — Towards a Moral Technology [M]. Berlin: Springer, 2024.

[8] FRANCISCO S, ADELINO G, RENATA M, et al. Natural Language Analytics with Generative Large-Language Models — A Practical Approach with Ollama and Open-Source LLMs [M]. Berlin: Springer, 2025.

[9] GOODFELLOW I, BENGIO Y, COURVILLE A. 深度学习 [M]. 赵申剑，黎彧君，符

天凡，等，译. 北京：人民邮电出版社，2017.

[10] HAN J, KAMBER M, PEI J. 数据挖掘：概念与技术（第3版）[M]. 范明，孟小峰，译. 北京：机械工业出版社，2012.

[11] HARRINGTON P. 机器学习实战 [M]. 李锐，李鹏，曲亚东，等，译. 北京：人民邮电出版社，2013.

[12] HARUNA Y, QIN S, HAMMAN A, et al. Exploring the synergies of hybrid convolutional neural network and Vision Transformer architectures for computer vision: A survey [J]. Engineering Applications of Artificial Intelligence, 2025, 144: 110057.

[13] KEERTHANAN G, SHERLY P. A Survey on Big Data Classification [J]. Data & Knowledge Engineering, 2025, 156: 102408.

[14] LEVITIN A. 算法设计与分析基础（第 3 版）[M]. 潘彦，译. 北京：清华大学出版社，2015.

[15] MOHAMED A, REDA M, IBRAHIM M, et al. Artificial Intelligence-based Optimization Techniques for Optimal Reactive Power Dispatch Problem: A Contemporary Survey, Experiments, and Analysis [J]. Artificial Intelligence Review, 2025, 58 (1): 2.

[16] PALO H, SAHOO S, SUBUDHI A. Dimensionality Reduction Techniques: Principles, Benefits, and Limitations [M]. New York: John Wiley & Sons, 2021.

[17] RUSSELL S, NORVIG P. Artificial Intelligence — A Modern Approach (4th Edition) [M]. New Jersey: Pearson Education, 2020.

[18] WOLFGANG E. Introduction to Artificial Intelligence (3rd Edition) [M]. Berlin: Springer, 2025.

[19] YUE K, LI J, WU H, et al. Probabilistic Approaches for Social Media Analysis [M]. Singapore: World Scientific, 2020.

[20] ZHOU J, CUI G, HU S, et al. Graph neural networks: A review of methods and applications [J]. AI Open, 2020, 1: 57–81.

[21] ZHOU S, XU H, ZHENG Z, et al. A Comprehensive Survey on Deep Clustering: Taxonomy, Challenges, and Future Directions [J]. ACM Computing Surveys, 2024, 57(3): 1–38.

[22] 邓力，刘洋，等. 基于深度学习的自然语言处理[M]. 李轩涯，卢苗苗，赵玺，等，译. 北京：清华大学出版社，2020.
[23] 冯洋，邵晨泽. 神经机器前沿综述[J]. 中文信息学报，2020, 34 (7): 1–18.
[24] 胡矿，岳昆，段亮，等. 人工智能算法（Python语言版）[M]. 北京：清华大学出版社，2022.
[25] 李航. 统计学习方法 [M]. 北京：清华大学出版社，2019.
[26] 李亚超，熊德意，张民. 神经机器翻译综述[J]. 计算机学报，2018, 41 (12): 2734–2755.
[27] 刘挺，秦兵，张宇，等. 信息检索系统导论[M]. 北京：机械工业出版社，2008.
[28] 刘忠雨，李彦霖，周洋. 深入浅出图神经网络：GNN原理解析 [M]. 北京：机械工业出版社，2020.
[29] 邱锡鹏. 神经网络与深度学习 [M]. 北京：机械工业出版社，2020.
[30] 孙吉贵，刘杰，赵连宇. 聚类算法研究 [J]. 软件学报，2008, 19 (1): 48–61.
[31] 王东，马少平. 人工智能通识 [M]. 北京：清华大学出版社，2025.
[32] 王万良. 人工智能通识教材（第2版）[M]. 北京：清华大学出版社，2022.
[33] 武浩，岳昆. 基于机器学习的Web服务质量预测 [M]. 北京：科学出版社，2023.
[34] 袁非牛，章琳，史劲亭，等. 自编码神经网络理论及应用综述 [J]. 计算机学报，2019, 42 (1): 203–230.
[35] 岳昆，段亮，武浩，等. 智能数据工程 [M]. 北京：清华大学出版社，2025.
[36] 岳昆. 数据工程 [M]. 北京：清华大学出版社，2013.
[37] 张艺博，刘彧. 人工智能通识 [M]. 北京：高等教育出版社，2025.
[38] 周志华. 机器学习 [M]. 北京：清华大学出版社，2016.